中国画颜料与重彩画技法

潘世勋题

ZHONG GUO HUA YAN LIAO
YU ZHONG CAI HUA JI FA

中国画颜料
与重彩画技法

蒋采蘋 著

人民美术出版社
北京

图书在版编目（CIP）数据

中国画颜料与重彩画技法 / 蒋采蘋著 . -- 北京：
人民美术出版社 , 2021.8
ISBN 978-7-102-08684-2

Ⅰ . ①中... Ⅱ . ①蒋... Ⅲ . ①工笔重彩－国画颜料②
工笔重彩－国画技法 Ⅳ . ① TQ628.9 ② J212.1

中国版本图书馆 CIP 数据核字 (2021) 第 036141 号

中国画颜料与重彩画技法
ZHONGGUOHUA YANLIAO YU ZHONGCAIHUA JIFA

编辑出版　　人民美術出版社

（北京市朝阳区东三环南路甲 3 号　邮编：100022)
http: //www.renmei.com.cn
发行部：（010）67517602
网购部：（010）67517743

责任编辑　沙海龙　管　维
特约编辑　包志会
图片拍摄　潘世勋
责任校对　李　杨
责任印制　宋正伟
制　　版　朝花制版中心
印　　刷　北京鑫益晖印刷有限公司
经　　销　全国新华书店

版　次：2021 年 9 月　第 1 版
印　次：2021 年 9 月　第 1 次印刷
开　本：710 毫米 ×1000 毫米　1/16
印　张：20.5
印　数：0001—5000 册
ISBN 978-7-102-08684-2
定　价：98.00 元
如有印装质量问题影响阅读，请与我社联系调换。（010）67517812

自　序

　　作为从教50多年的教师，我感到现代美术学院中国画专业的课程设置不够完善，主要是缺乏艺术科学类的学科，例如缺失中国画的构图学、色彩学、材料学。除颜料学外，其他画材还有一些常识性知识传授，但不成体系。"没有体系是不能传承的。"（潘公凯语）我认为没有体系化的教学，是不能形成完整的现代美术教育的。我从1998年春至2017年夏共主持了16届中国重彩画高级研究班，共招学生500多名。高研班的宗旨是提高创作水平，为此设置了以下"三学"的课程：我在创作课外添加了《中国画颜料》课程、唐秀玲（山东理工大学美术学院教授）出任创作课程的同时又添加了《中国画构图学》课程、郭继英（首都师范大学美术学院重彩画工作室主任）出任创作课的同时添加了《中国画色彩学》课程。我聘请了中央美术学院壁画系张世彦教授，他从1998年第一届高研班时就来重彩班讲学，所著构图学一书《边·位·场·势·美》也已成为重彩高研班的重要教材。这"三学"的课程，除我本人尚有"中国画颜料学"的专著和文稿外，其他"二学"都是初创，目前虽尚在完善过程中，但已初见成效。我的教学原则——以创作带动技法与画材的学习，是符合尊道重器的传统的。

中国画发展有几千年历史，有着丰富的创作理念和技法画材使用经验。"器"在绘画中是指科学性、系统性的专业知识，前面我所说"三学"都应包括在内，这就是绘画中关于形而下的方面。自古至今的中国画一向有重视创作理念、精神层面的形而上学方面而对科学性的形而下的"三学"重视不够。尤其是元代以后，水墨画成为画坛主流，而辉煌于汉唐的以色彩为主的绘画一脉变得式微。自宋以后，工笔重彩画使用的寺庙、道观、洞窟、墓室等场合，文人已不屑于参与而仅存于民间，其传统矿石颜料的制作及使用技法几近失传。至近代，提倡宋代院体画的陈之佛、于非闇等画家仍在坚持创作，加之20世纪40年代张大千先生对敦煌中国古壁画的亲自摹写和推崇，使得中国色彩一脉的绘画虽式微但并未中断。1976年后，由于时代的需要和国家的重视，40多年来，工笔重彩画呈强势发展的姿态。但早年生产的锡管装12色"中国画颜料"实为化学颜料，并非真正传统的矿物、植物等所制，因而绘画界迫切需要真正的色质稳定、色彩美丽的精品传统颜料上市。

自从1955年聆听了著名工笔重彩花鸟画家于非闇先生讲课后，我便购买了他撰写的《中国画颜色的研究》一书，并研究于先生使用矿物颜料创作的作品，由此我就爱上了传统的中国画颜料。1957年，中央美术学院中国画系接受文化部任务，赴山西完成复制元代道教永乐宫三清殿壁画的工作。我有幸成为此临摹团队中的一员。在中央美术学院陆鸿年先生的带领下，在传统颜料专家王定理先生的辅导下，在为时四个多月的古壁画临摹实践中，我对传统壁画画材和技法有了全面了解。1963年和1981年，两次带学生去敦煌实习。从1963年开始至今，多次带学生参观北京法海寺明代壁画。1983年，在拉萨、日喀则、萨迦等地参观和临摹了藏族古代壁画，同时拜访了唐卡藏族老画师。2007年，带领一批硕士生、博士生赴新疆考察克孜尔壁画。1985年后，多次赴欧洲考察，参观了达·芬奇、米开朗琪罗、波提切利及克里姆特等大师的壁画作品，发现他们也在使用天然矿石、金属、植物、动物等原材料制作的颜料作画。达·芬奇的褐色素描据说是用墨斗鱼墨汁画的。近年，去过埃及、伊朗、印度、柬埔寨等国，发现它们的古壁画有些比中国的更古老。看到它们和我们使用同样的天然绘画材料，一些壁画的艺术风格也与我国接近，这当然是古丝绸之路文化交流的结果。

作为画家，我关注如何用传统的壁画艺术和技法画材表现现代生活，创作出具有鲜明时代特点的作品。作为教师，我更关注传统的重彩壁画艺术并将技法画材传承给下一代。所以，从20世纪80年代中期至今，我著书多部同时撰写有关文章多篇。

1979年，旅日中国画家郭雪湖先生在北京开个展。在座谈中，我了解到现代日本画家除了使用中国传过去的矿物颜料，还使用日制的人造矿物颜料——"新岩"。从20世纪80年代起，日本现代画家东山魁夷、平山郁夫、加山又造等在北京展出作品。我发现他们的画作中矿物颜料品种繁多，还使用"新岩"。1986年，中国台湾画家詹前裕先生来访并赠予我他的画材技法专著。我从中了解日本的"新岩"是由陶瓷釉料和玻璃所制。1989年，我去日本考察日本画和他们所用的画材技法，开始关注日本的"新岩"。1990年开始，在日本留学的郭继英给我寄来他翻译的有关"新岩"的资料。

1993年，唐秀玲在淄博按我的要求找陶瓷专家试制出五种陶瓷釉料样品，后又介绍我与淄博美陶大师朱一圭先生相识。此后，我与朱先生合作多年，试制多种专门烧制的陶瓷釉色。朱先生完全按照中国传统制釉色的体系制作，不同于日本制釉色，后者是采用阿拉伯体系。中国的人造矿物颜料被我命名为"高温结晶颜料"。

本书是在我已出版的两本画材技法书和多篇文稿的基础上，增加从1960年起我收集的孔雀石、青金石、蓝铜矿、朱砂、雄黄等矿物标本及烧制的陶瓷釉料块研究资料，以及我亲手砸碎、研磨、箩筛、水洗、分目、包装的颜料实验素材，还有我多次到北京珐琅厂和外地的陶瓷釉料厂与专业技师共同研讨、请教等实践活动的综合成果。从技法方面讲，我从1986年起，因受古今中外壁画和欧洲、亚洲等地使用天然矿物颜料和人造矿物颜料的启发，开始逐渐在自己的创作中大量使用这些颜料，并且在自己有了一些经验后，立即将其运用在教学中。我重新将唐代的"重彩"称谓命名于当代重彩画，是继承发扬壁画传统、不忘中国画千年文脉之意。

我非常尊敬于非闇先生，因为他是近代第一位将中国画传统颜料系统地写成一本专著并与化学家合作将传统矿物颜料的名称与化学分子式解释得十分清楚的前辈。他较早发现的中国古代矿物颜料"黑石脂"实为石墨所制，启发了现代画家和学者们去努力挖掘传统中尚未发现的或已失传的好颜料。

我愿追随于先生，将传统颜料学继续研究下去，包括他的中国画色彩审美和他精湛的工笔花鸟画技法。在20世纪50年代至60年代，我发现北京明代法海寺壁画上有已失传至少500年的白云母矿物颜料。到20世纪80年代，我又在化学家蒋乃燮（我的兄长）的协助下，弄明白中国矿物颜料石青原来是两种矿物所制：一为蓝铜矿，一为青金石。这是两种完全不同种类的矿物。不久，我又发现西洋红颜料原来是由一种甲壳虫所制。我国绘画传统博大精深，如果一位画家能发现一两种失传的好颜料，多位画家的发现加起来就能积累非常多。当然不只有发现，还要有实践，运用颜料画出好画来才算数。

此书定名为《中国画颜料与重彩画技法》，因为中国画颜料不只用于壁画、工笔重彩画，也用于水墨画、工笔淡彩画、没骨画等领域。现代重彩画技法也用于现代壁画（多以木板为基底，上面裱纸），更多的是继承古壁画的艺术特点，也可运用在画纸上（亦裱在木板上）的单幅画或二联画、四条屏、通景画上。

我写此书是从实践到书本又从书本到实践往返多次的经验总结，并非仅从书本到书本的纯理论知识。在此研究与实践的过程中，我曾得到许多友人和领导的帮助，他们是尹继才先生（原北京地质博物馆科技处长）、孙淑兰工程师（原北京珐琅厂总工程师）、朱一圭先生（原淄博市美陶厂副厂长、陶瓷工艺大师）、王志纯同志（原《中国画》编辑、理论家）、谢锐副司长（原文化部教科司副司长、原中央美术学院党委副书记）、蒋乃燮（原天津市农药厂总工程师、化学家），于今成书之日，一并向他们致谢！

目　录

中国画传统颜料总论

　　中国画传统颜料的原料包括天然矿石、金属、植物、动物、泥土等。中国文化历经几千年而没有中断，中国画传统颜料也没有中断过它被研究和使用的历史。古代帛画上使用的朱砂矿物颜料是中国使用矿物颜料的最早实证之一。

　　从文献和实地考察中，我了解到世界上不少国家和民族，尤其是其他文明古国也在他们的绘画和艺术品上使用以天然矿石、金属、泥土、植物、动物为材料制成的颜料，例如古埃及、古波斯、古印度、古希腊和古罗马等。这是符合社会文明发展规律的。因为在人类社会发展的早期阶段，当时化学尚不发达，作画者只能从大自然中去选取适合作画的天然物质来制作颜料。直到19世纪，人类的化学事业发展以后，化学合成的多种颜料才作为画材上市，其价格便宜，便于普及。其后，以天然原料制作的传统颜料逐步退出了现代画材的主流市场，尤其是在欧美的绘画市场上已经很少见，只有在东方，如中国、日本、韩国等少数国家还有生产这类颜料的厂家存在，而且这类颜料主要是作为高档次的绘画颜料被生产和使用着，多用于修复古典绘画和古建筑。直到近几十年，以天然物质为原料制作的颜料再次被重视，并被使用在现代绘画上。日本现代绘画开始较早，他们在六七十年前出现了一批艺术水平较高并能熟练地运用天然矿物颜料的画家，如东山魁夷等人，出现了能反映当代人的情感和审美的佳作，使现代日本画出现了新面貌。

中国自清代乾隆年间成立了"姜思序堂"颜料店，便结束了画家自制颜料的时代。现在的姜思序颜料厂，至今已有200多年。1979年，在江丰院长的倡导下，中央美术学院向文化部争取了经费，在中央美术学院附中成立了"金碧斋"中国画颜料厂。此厂由中国画家、颜料专家王定理先生任技术总监，生产和开发了数十种矿物颜料和水色，供应国内外画家作画，甚至为包括布达拉宫在内的大型寺庙道观建筑和壁画的修缮工作供应颜料。2016年春起，"金碧斋"部分划归中央美术学院新成立的保存与修复研究院，其后的发展方向将向着传统颜料的研究和人才培养为主。

1985年至1986年，我在巴黎考察时得知，巴黎卢浮宫学院是培养修复古典绘画和建筑以及研究古典画材技法的专业学院。我还关注到奥地利20世纪的著名艺术家克里姆特的不少作品中有金箔出现。巴黎美术学院著名画家宾卡斯和伊维尔以毕生之力从事传统绘画的画材与技法的研究与教学，并曾来中国讲学。宾卡斯教授所创作的静物鱼，是用云母画的鱼鳞，那种半透明云母所绘的鱼，非常漂亮。正是在此画的启发下，我考查回国后，也开始使用云母作画。

回归自然慢慢成为一种国际趋势。人造的化学产品，无论食品还是生活用品等，经过多年检验证明，有些是对人体无益甚至是有害的。绘画作为人类生活的一部分，也应考虑在画材中减少不利于人体健康的化学合成品的因素。这应当是画材发展的大趋势。

　　1979年，我看到日本现代画家作品上的"新岩"时起受到启发，从那时开始关注、研究、试制中国的人造矿物颜料。因为天然晶体矿物可制造颜料的品种并不多，而我们今天的绘画技法发展得更加多样，所要描绘的世界丰富多彩，所以需要比古代绘画中使用的颜料色相更多、质量更优质。因此人造的含晶体的矿物颜料的出现就是必然的。因为人造晶体矿物颜料是合成的，故可配制各种色相和各种色阶。它的原料又是高温至1000摄氏度以上烧制的，故稳定性很强。在20世纪80年代中期以后，我终于弄清它是用类似陶瓷釉料的方法所制，并于1993年试制出样品。我没有采用阿拉伯体系那种熔剂含铅的制陶瓷釉方法，而是采用中国传统的熔剂不含铅的制陶瓷釉方法，其成品我命名为"高温结晶颜料"。此种人造矿物颜料可配制多种色相，极大地丰富了中国重彩画颜料的品种。在中国，制作人造矿物颜料价格比日本低，更适合广大绘画者使用。

　　传统中国画颜料还有待画家与颜料研究者共同挖掘与开发，新型的人造矿物颜料（有中国特色的）也有待进一步开发，国外优质化学颜料也应进一步引进和试用。据我了解，欧洲一些国家在传统颜料制作方面也有所继承和发展，他们更多是用现代化工艺处理方法来改进有机原料的不稳定性，例如花青、胭脂等植物颜料的制作，还有赭石、红土等天然颜料的制作也在继承传统基础上加以改进，使颜料更适合现代绘画的审美要求。全人类的文化艺术传统是不能割裂的，包括绘画的画材和技法。古有"丝绸之路"给我们带来青金石和苏麻离青（氧化钴，绘制青花瓷器的原料）等颜料，我们中国也为欧洲送去了朱砂等颜料。有了当代的"一带一路"，有了"地球村"的新观念，相信全球优质绘画材料的交流和互鉴会有更美好的前景。

第一章

传统矿物颜料与
现代人造矿物颜料

1. 朱砂

朱砂，化学分子式为HgS（硫化汞），英文名为Cinnabar，是天然的汞与硫的化合物。优质的朱砂其晶体状态十分明显，例如贵州产的镜面砂，透过日光或灯光来看很透明，像红宝石一样。镜面砂质地纯净，研成细粉后，色相较鲜红，是古今画家公认的好材料。

朱砂在中国古代称丹，又称丹砂、辰砂、赤丹、丹粟、汞沙。其称"辰砂"，是因历史上湖南辰州出产的朱砂甚佳而得名。至今日本仍称朱砂为"辰砂"，是沿袭其中国古代之名。

制成的朱砂颜料样品（粉末状）和朱砂矿石标本

朱砂矿脉在地球上分布较广。当今国内主要产地有：贵州省的铜仁、安顺以及务川、开阳、丹寨、玉屏、册亨、松桃、黄平、独山，湖南省的凤凰、新晃、保靖、衡东、新田、嘉禾，四川省的盐源、雷波，重庆直辖市的酉阳、秀山，广西壮族自治区的南丹，云南省的腾冲、蒙自和巍山、昌宁、永平等地。

朱砂在国外的著名矿产地是西班牙的阿尔马登以及意大利、俄罗斯和美国的部分地区。

我之所以列举了中外朱砂的多处产地，是希望我们画家能用到不同产地不同色相的朱砂做颜料。画家希望有多种的红色颜料系列可以选用，鲜红色相朱砂与紫红色相朱砂同样在绘画上有用。例如，涂背景的朱砂就不宜太鲜艳太明亮，因为它会夺去主色的鲜明度，因此背景宜选用暗红色朱砂为佳。

朱砂色相是一种非纯红的红色，画家常用的朱砂色是提出去朱砂色中最浅最细的朱磦（橘红色）后的一种偏冷的红色。这种红色是调配不出来的一种红色，它既鲜亮又沉着，其无与伦比之美是其他红色无可替代的。所以朱砂色成为数千年间世界上许多国家和民族不约而同地喜爱和选用的颜料，被大量使用在绘画、工艺品、建筑装饰上。在距今约7000年的河姆渡新石器时代遗址中出土的木胎漆碗上所涂的红色，是用生漆和朱砂矿物颜料调和而成的（《河姆渡遗址主要考古成果》，《浙江学刊》1994年第4期）。距今3000多年的中国商代的妇好墓出土了制造颜料的一套大理石和玉石的臼和杵，其上沾满了朱砂粉末（《殷墟妇好墓》，1980年文物出版社出版）。此套沾满朱砂末的杵臼的出土，正好印证了战国帛画《人物龙凤图》上绘有朱砂色颜料的事实。

朱砂颜料是一种现代画家可以自制的矿物颜料。朱砂矿石晶体结构整齐纯净，多为六面体或八面体，很少有杂质混入晶体内。另外，朱砂本身的莫氏硬度多为2至2.5，很容易在瓷乳钵中粉碎（石青和石绿色的原料兰铜矿和孔雀石的硬度比较高，不易粉碎且杂质太多，需多次反复漂净）。20世纪50年代至60年代，我的老师李可染先生所绘的《万山红遍》中运用的大量朱砂颜料，是李先生当时在药材公司购买朱砂矿石后亲自研磨而成的。他选择的朱砂色相纯正又研磨精细，朱膘也提取得很干净。数十年后，我们再次欣赏此画，色彩仍如昨日才绘制完成一样鲜亮。画中浓墨衬托着浓丽的朱砂，使画面熠熠生辉。多年来，我一直喜欢自制朱砂颜料，也是受当年李先生的影响。因为自己存有各种深浅色相的朱砂矿石，所以自己根据画面需要可以掌控所需之粗细及冷暖程度（朱膘漂净则朱砂色偏冷，朱膘多留则色偏暖）。画材店中出售之朱砂多分成粗细五个号，而自制则可根据需要分成更多粗细号。朱砂虽有毒性但很弱，故其又可入药治病，这在《本草纲目》中有记载。注意，毒性虽弱也需在研磨时戴上防护口罩，制作颜料后和绘画后都要洗手。石青、石绿等毒性强、硬度高且不易粉碎的矿物颜料我不主张自制，以免受到伤害。

2. 石青

石青是古代中国绘画中所使用的主要矿物颜料之一。石青是传统名称沿用至今，传到日本后称群青、白青。石青的原料有两种，一种是蓝铜矿，一种是青金石。这是两种化学成分完全不同的矿石。

蓝铜矿，英文名称Azurite，化学分子式为$Cu_2[CO_3]_2(OH)_2$，专业名称为盐基性碳酸铜。蓝铜矿矿石产于铜矿中，大部分与孔雀石

青金石矿石标本及粉末

蓝铜矿与孔雀石共生标本

蓝铜矿制成石青颜料样品（粉末状）

（石绿原料）共生。据现代所选用石青原料的广东省阳春市石绿铜矿中的专业人员讲，只有铜矿中有水的才能有蓝铜矿和孔雀石的产生。我曾于1993年秋去此铜矿参观考察，那是一座露天铜矿，是1949年以后发现的，已开采多年，1993年时已因开采将尽基本停产。目前几个生产矿物颜料的厂家，大多还是在广东省阳春市的老矿厂选料，据说此铜矿未采尽处尚余有蓝铜矿和孔雀石边角料。我在俄罗斯、南非、美国、墨西哥考察时发现这些国家的很多地区都盛产蓝铜矿和孔雀石，且价格不高。

青金石其英文名为Lazurite，属方纳石族，其化学分子式为NaCa（Si$_3$AI$_3$）O$_{12}$ S，莫氏硬度为5至6，主要产地为阿富汗，即古代波斯地区。2014年，我曾参加西安大唐西市博物馆组织的画家采风团赴伊朗。阿富汗与伊朗为邻国，所以伊朗不但有青金石大块奇石，还有不少青金石首饰，如戒指和项链坠等出售。我在伊朗见到宾馆商店陈列的大块（约30厘米）的青金石原石是作为奇石陈列和出售的。因大块青金石价格太高，而且一块都有约20斤重，飞机上无法带，只好买些首饰回来。其首饰料的鲜明蓝色十分美丽，大部分呈水粉色中的群青色，即偏紫色一点的蓝色，与蓝铜矿的偏绿一些的蓝色色相不同。

据《宝石学》上的记载：从古希腊、古罗马到文艺复兴时期，青金石总被研成粉末，制成群青颜料。群青曾用在很多世界著名的油画上。古代中国人则把青金石称作暗蓝星彩石。他们把它研制成化妆品来描眉，把片状的制成镶有珍珠的屏风。中国古代将进口的青金石磨成粉，涂在佛教寺庙中佛像的头发上，因其色浓烈且价格昂贵，为佛头发专用之石色，故名"佛头青"。在欧洲许多国家，从阿富汗进口的青金石制的青色则专门用于圣母的袍子上。我还亲眼看到在埃及的古神庙和墓室的天花板上涂有大片的青金石颜料，将其作为蓝色天空的颜料。在此蓝色天空上，还嵌有纯金所制的许多金色星星，那真是辉煌灿烂。青金石在宝石学中是属于次宝石类的，自然价格不菲。据说在文艺复兴时期，欧洲的青金石是与黄金等价的。

蓝铜矿和青金石所制成的蓝色，都不是现代颜料学上的纯蓝色。前者是偏绿色的蓝色，后者是偏紫色的蓝色。它们都有一种复合色的特殊色相，而且是现代颜料调配不出来的，因此它们各自具有一种特别的蓝色色相，具有各自特殊的魅力，有其不可替代性。故此二种蓝色在人类数千年的绘画中传承下来，至今仍为众多国家视为珍贵的颜料。据数十年作画的经验，我更喜欢用蓝铜矿制成的石青色，是偏绿的那种。无论用它做工笔重彩画的底色，还是画夜色中的花卉或植物、风景画中的夜景、青绿山水画中的青色，都是十分合适的，具有其他蓝色颜料所不能企及的效果。因为天然矿物颜料为晶体矿石，既使被研磨成极细的粉末，在显微镜下，它们的晶体结构仍存在，所以与现代的化学颜料染在白细粉上的色彩效果完全不同。所以我的老师刘凌沧先生说："石色有宝光。"这"宝光"指的就是它的晶体的闪光。

我曾在于非闇先生的书上看到简单地记载有"藏青"，但没见到实物。直到2015年我才见到天津美术学院教师赵栗晖从拉萨带给我的西藏本地所产的两种藏青（扎西彩虹牌），全是深色石青，一种深一些，一种稍浅一些。这正是我常在唐卡上所见的深蓝色的石青。这种深色石青在内地见不到，是一种色相很美的深蓝色，也是化学颜料调不出来的蓝色，多用于唐卡背景。

3. 石绿

石绿是中国古代绘画中使用量较多的矿物颜料。石绿是传统名称，沿用至今，传到日本后称"绿青"。石绿的原料是铜矿中所产的孔雀石。

孔雀石，其英文名称为Malachite，专业名称为铜碳酸盐，其化学分子式为$Cu_2CO_3(OH)_2$。根据《宝石学》上的介绍，孔雀石是铜矿物的蚀变产物，在世界各地铜矿山氧化带中与蓝铜矿共生，其中著名的产地有俄罗斯乌拉尔山以及法国的谢西、英国的康沃尔，还有罗马尼亚、刚果（金）、津巴布韦、纳米比亚、南非等国。美国加利福尼亚州、新墨西哥州和亚利桑那州也有出产。现代非洲提供的孔雀石体块较大，质地最好。我国的孔雀石产于广东、江西、西藏等地的铜矿中。并非所有铜矿皆产孔雀石，只有含水分的铜矿且形成溶洞的铜矿才会形成孔雀石和蓝铜矿。

石绿成品、粉末状的颜料

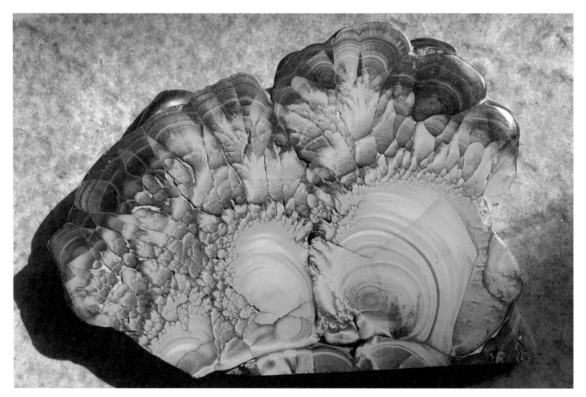

孔雀石标本（矿石）

　　孔雀石的切面呈现出由深浅绿色组成类似孔雀羽毛的纹样，十分漂亮，故名为孔雀石。但做石绿颜料的原料并非完整纯净之孔雀石，因孔雀石也属于次宝石类，这样美丽的宝石适合做首饰或工艺品（雕件等），如果砸碎做成粉末状颜料则太可惜了。实际上做石绿颜料的孔雀石是含有杂质的孔雀石，而且是不整齐的小碎块。这种做不成工艺品的碎料、废料可做颜料。含杂质的碎孔雀石研制石绿颜料的过程中，用漂洗、水飞等方法可将其杂质去掉，制好的石绿色仍可以是很鲜丽的。其实漂出来的灰绿色也不必丢弃，灰绿色

"金碧斋"生产的矿石颜料

自有其在绘画上的用途。一幅美丽的绘画作品，往往是中间色（并不鲜明纯净的颜料）占据画面绝大部分，这样才能突出主色的鲜明亮丽来。

据于非闇先生所著《中国画颜色的研究》一书中所载，还有一种"沙绿"，应当也是孔雀石的一种。书中说其出自西藏地区和波斯国，成为沙粒，色较深暗。近年拉萨生产的"扎西彩虹"牌石绿，为画唐卡所用，我见到样品，果然如书中所讲是色较深暗的石绿色。

因孔雀石原料硬度较高，莫氏硬度3.5至4，不易粉碎和研粉，且毒性较强，不适合自制。建议还是购买画材店中所售之成品为宜。

顺便说一下中国现代孔雀石发现情况：1979年中央美术学院颜料专家王定理先生在接受了"金碧斋"颜料厂的组建任务后，亲自到广东省阳春铜矿去寻找制石绿的原料"孔雀石"。他在一处工地发现有许多被丢弃的碎块孔雀石，便询问石旁的工人，得知这些矿石出铜率太低，因此被弃之不用。王先生问工人师傅是否可以拿一些？工人说随便拿，只要背得动。土先生于是将其装满背包带回北京。不久就有大量优质石绿色制作出来以供应画家绘画和布达拉宫等古建筑、壁画修复之用。从那时起，这些颜料已生产了三十多年。

"金碧斋"已成为最有权威的传统中国画颜料厂，因为它选料精良、制作遵循古法而受到好评。王定理先生曾到过中国许多矿产工地，经过比较后选定了广东省阳春市这一铜矿为"金碧斋"颜料厂的原料产地之一，其贡献功不可没。

制好的石绿颜料其色相为偏冷的绿色。一般所谓的绘画上所用的绿色是偏暖的绿色，如我们在自然中所常见的植物叶子的绿色。石绿之所以受到中外画家的偏爱和重视，正因为它的偏冷的特点。

又因为石绿的原料孔雀石是亿万年天然形成的矿物，不易与空气中的氧、硫等产生反应，故它的色质十分稳定，不会变色。所以保留至今数千年的壁画、雕塑、建筑、工艺品上的石绿涂料都保持着原来的色相。

4. 赭石

赭石的化学成分为Fe_2O_3，其英文名为Hematite，产于赤铁矿。形态属三方晶系，表面呈亮金属状光泽者称赤铁矿，红色粉末状者称铁赭石。赭石色是画家常用的中间色，在稍粗颗粒状态下可做粉质颜料用，即做厚涂的覆盖力强的颜料用；在极细的状态下也可做水色用，即用作透明色。

于非闇先生书中讲：入画的赭石是出在赤铁矿中的。原石伴

赭石矿物颜料

随赤铁矿产出，用手抚摩它，感觉滑腻的是好原料。原产山西雁门一带，古属代州，所以又叫"代赭"。今山西省有代县，古代曾称雁门郡。笔者曾在多年前与代县文化馆一同志相识，他曾给我寄过一些铁矿石标本，其色为深赭色，但色有深浅和偏黄偏红的区别。作为画家是需要有多种色相的赭石色，现代英国、法国的水彩水粉色产品，从赭石色到熟褐色之间能有十多种的深浅和偏冷偏暖的区别，其色差是选用不同的铁矿石，以及对铁矿石加热使其变色。

据蒋玄怡先生《中国绘画材料史》中讲过，古代使用赭石应当在周代以前。《本草纲目》载："铁朱……此石多从代州来……今齐州亭山出赤石，其色有赤红、青者，其赤者如鸡冠且润泽。土人惟采以丹楹柱……与代州出者相似，古来用之"。蒋玄怡先生说："则古代用赭，实较其他颜色为盛"。

此处所提到的"铁朱"，实与赭石同为Fe_2O_3，只不过"铁朱"更红一些而已。笔者1993年在广东所见的发红的铁矿石应为制"铁朱"的原料。远古时朱砂尚未使用，是以"铁朱"代红色用于绘画的，例如崖画中就有大量使用。敦煌北魏时期的一些壁画，如《鹿王本生图》的背景也用铁朱涂底色。"金碧斋"生产的颜料中是将"赭石"与"铁朱"分作两个颜料名目的。埃及浮雕壁画中红色亦为铁朱色，为我亲见。

中国不缺铁矿，画家所使用的赭石和铁红应当有多种铁矿石原料，可制成多种色相的赭石。

5. 雄黄、雌黄、石黄

雄黄、雌黄、石黄是一个系列的黄色矿物颜料，虽然因它们的化学成分为硫化砷（有毒），现代已不常用于绘画。有的国家也因

雄黄附着在方解石上的矿石标本

雄黄等在制作过程中会污染环境而不生产，但因其色相既丰富又美丽，我认为如果少量的自制并使用，也是可以的。雄黄见于《本草纲目》，可入药，毒性应不甚剧，少量涂于纸上、墙壁上，应该可以防虫。

雄黄、雌黄、石黄三者矿石原料相同，即黄金石，又名鸡冠石，产于砷矿。

雄黄，化学成分为As_4S_4，即四硫化四砷，其英文名称为Reaigar。矿石色呈橘红色，莫氏硬度为1.5至2。硬度与朱砂接近，二者均可在瓷乳钵中研磨成粉末。又因其性脆，阳光久照会发生破坏，转变为黄色粉末。有毒，但也是一种中药材。

雌黄，化学成分为As_2S_3，即三硫化二砷，其英文名称为Orpiment。矿石色相呈橘黄色。莫氏硬度为1.5至2，与辰砂、雄黄、辉锑矿、白铁矿等共生。

石黄，据于非闇先生《中国画颜色的研究》中说："石黄又叫黄金石。""石黄、雄黄、雌黄、土黄是根据颜色浓浅分的，其实都产在一起。石黄是正黄色，雄黄是橙黄色，雌黄是金黄色，土黄是土的黄色。甘肃、湖南是重要产地。""土黄——这即是包在黄金石外面，臭味最重的土黄色。"土黄的主要显色成分，除砷的硫化物外，是氧化铁及氢氧化铁，余为陶土。

因为雄黄、雌黄、石黄都有硫的成分，易与其他颜料起化学变化，故应单独使用，不与他色调和为宜。因其色彩明度都较高，是无可替代的黄色颜料。笔者所作的《轮回》一画，其老芭蕉的黄色即为石黄所绘。

6. 蛤粉

蛤粉是现代中国画常用的白色，其化学成分为$CaCO_3$，即碳酸钙。其英文名称为Gefen。蛤粉是从唐代就用于绘画并流传至今的优质白色颜料。于非闇先生在它的书中讲："蛤粉又叫珍珠粉，这也是古代民族绘画重用的颜料。宋代绘画都用它代替白垩。制法是：选用海中的文蛤，蛤壳坚厚，壳口微带紫红色的，用微火锻成石灰质，研到极细，即成白粉。注水后，就由生石灰（贝灰）变成清石灰。兑胶使用，永久不变。"于先生认为蛤粉已成为石灰质，应入到矿物质颜料类。所谓"珍珠粉"名称是指贝壳内面生成之珍珠光泽而言。蛤粉之所以感觉比其他白粉更白，正是因为它在极细的状态下，仍有珍珠光泽在闪亮之故。正如晶体矿物颜料孔雀石、朱砂等在极细状态下仍有晶体闪光是同样的道理。据颜料专家王定理先生讲：如果用已成为化石的贝壳制白色，其效果会更好。

蛤粉制成品（粉末、管装）

　　国产的蛤粉，现在市场供应的多为粉末状，经试用，以"金碧斋"所生产的蛤粉质量为佳。但需画家自己兑胶后使用，其法为古法。它的用法程序是：先将粉末状蛤粉放置一小碗内，兑上明胶液，像和面粉一样和成一块。然后将此面块搓成条状，再盘至小碗中，成一厚饼状，就此晾干待用。用时将清水倒入碗中，蛤粉会慢慢化开，因已含胶，用笔蘸上白粉液即可作画使用。

　　近几年画家使用蛤粉已不必自制，因画材店中有日本制的"吉祥"牌颜料出售，其名称为"胡粉"，有大小支两种规格。"胡粉"是唐代时期从中国传到日本时的名称，且沿用至今。此"胡粉"即蛤粉所制，因使用方便、价格适中，目前为越来越多的中国画家所选用。此蛤粉色相比常用的钛白更白更细腻。笔者画中所用白色即为此种蛤粉。

笔者多年使用日本蛤粉的经验之一是：此蛤粉质地轻，不易出现所希望呈现的笔触，因质轻而有泥土感觉，也不易平涂十分均匀。解决的方法是可以在蛤粉中加入大理石粉或方解石粉，以增加蛤粉的分量，这样就可以得到满意的效果了。如果用的是薄画法，就不必加入石质白色粉末了。如果是蛤粉与其他石色调和使用，也不必加入石质白色粉末。

钛白，即以氧化钛为原料制成之白色。国内外的很多白颜色都选用它作为原料，包括中国画锡管装的白色颜料也都是氧化钛所制，故称钛白。因其色质稳定性强，有覆盖力，色相较白，色质也细润，能厚涂也能薄染，确为优质白色颜料。锡管装的钛白，据颜料厂技术人员讲是加入了阿拉伯树胶，其胶不易变质。钛白所制的中国画色和水粉色已成为中国画家的常用色，无论单独使用，或调和其他色作为面色、肤色、花卉色以及绘制雪景等都很适合，效果也很好，而且价格不高，可以大量使用。

丙烯白色也是氧化钛所制白色，但其溶剂不是胶而是丙烯，而丙烯是没有可逆性的。正是利用丙烯干后不会再溶于水的特点，可以点花蕊或画线形成微微凸起的效果，使画面增色。

在中国绘画史上，白色颜料曾用过白垩，即白土（也用于粉刷白墙），还用过铅白（氧化铅，古代合成颜料）等。因他们在现代中国画中均已淘汰，故不再介绍。

7. 水晶末

水晶属石英族天然矿物，其分子式为SiO_2，英文名为rock crystal，形态属三方晶系，其颜色多种多样：常为无色透明、灰色、乳白色等；当其含有其他矿物元素时，颜色各异，较为常见的有紫

水晶末

色、红色、黄色和茶色等。

　　1998年，一位日本教授曾送我一包日制水晶末，其色雪白。2001年，我在绘制《教室》一画时，因画中背景和画板上是设计为七色渐变的竖条纹，用的是自制高温结晶颜料，色彩从左右向中间逐渐变浅，直至为纯白色。因此希望白色能极白极纯，而其他白色都达不到此要求。我找出日制水晶末调胶后涂在画上，果然非常洁白，出乎我的想象。因为水晶末全部是晶体结构，既白又亮，所以显出无与伦比的白。水晶末应为最佳白色色相的颜料，晶体矿物颜料的优势，在白色水晶末中表现得最为充分。中国产水晶，"金碧斋"曾有这种颜料产品。希望中国颜料厂商多关注水晶末的制造，它确为优质天然矿物颜料。

8. 云母色

　　云母，属铝硅酸盐矿物。云母有多种，如白云母、金云母、黑云母、锂云母等。它在我国分布很广，四川、内蒙古等地均有矿藏开发。其外观为薄片层状，有珍珠光泽。下面分述之：

白云母

英文名Muscovite，成分$KAL_2(Si_3AI)O_{10}(OH)_2$，晶体呈板状、片状。无色、白色或灰色，还有黄、绿、棕、红色或蓝紫色，透明至半透明、玻璃至珍珠光泽均有。形成于岩浆岩，不溶于酸。

金云母

英文名Phlogopite，成分$KMg_3(Si_3AI)O_{10}(OH)_2$，晶体呈棱柱状，通常呈锥状，有时呈双晶。颜色有黄棕色、棕红色、浅绿色或白色。透明至半透明，珍珠光泽。溶于浓硫酸。

黑云母

英文名Biotite，成分$KFe^{2+}_3(Si_3AI)O_{10}(OH)_2$，晶体为平板状或短

白云母矿石标本

多种色相的云母矿物颜料粉末

棱柱状。黑色或深棕色到红棕色、绿色以及少见的白色，透明至半透明，玻璃光泽。溶于浓硫酸。

我国使用云母做工艺品最早见于西汉传为刘歆所著的《西京杂记》一书，该书"飞燕昭仪赠遗之侈"中记有"云母扇"和"云母屏风"。可以想见，天然云母的晶体和珍珠光泽之美在大约两千年前就已被人们发现了。

1963年，我发现云母粉用于敦煌第12号窟、112号窟等唐代石窟壁画上，多用于裸露的肤色上。这一时期，我又发现北京明代法海寺壁画上大量使用白云母粉做颜料，用于肤色、白纱飘带、荷花等处。1985年，我还发现欧洲在古代和现代都使用云母粉做绘画颜料。1986年，我在中国找到工业用白云母粉用于自己的工笔重彩画中。我将此信息提供给中央美术学院"金碧斋"中国画颜料厂，让他们大量生产以供全国画家使用。（参见1989年7月《美术》上刊登

我所写的《传统颜料云母粉的挖掘与再使用》一文）

20世纪90年代以后，中国画材店已有进口制成管装的现代云母粉颜料出售。例如日本制的"吉祥"牌水胶调制的金云母和白云母色。还有英国制的"温莎·牛顿"牌丙烯调制的金云母和白云母色。美国制的"高登"牌的丙烯云母色，有多种色相，如金色、银色、绿色、蓝色、红色等。西方生产的云母色称"干涉色"。"金碧斋"中国画颜料厂有各色云母粉出品（需加胶使用）。上海马利颜料厂也有黑云母等管装丙烯色出品。据我的使用经验，过于纯净的云母色（主要是进口的）有可能为人造云母色，因为天然云母粉不纯净，其色偏灰一些。"金碧斋"生产的云母粉为天然矿石所制，原料为中央美术学院颜料专家王定理先生所选。中国地质博物馆科技处处长尹继才先生说："世界上只有美国加利福尼亚的云母矿不含三氧化二铁，所以出产的白云母最白。"因此美国制白云母丙烯色可能是天然矿石所制。其他进口云母色也许有人造云母所制，但只要与天然云母成分相同也未尝不可。我本人所使用的天然白云母粉，是由我的兄长、化学家蒋乃燮从天津绝缘材料厂取得。（云母为良好的绝缘材料，电器中常用）

现代使用金云母和白云母做绘画颜料，常代替真金粉和真银粉。其化学成分很稳定，敦煌唐代壁画至今有些颜色仍未变色就足以证明。用它制成管装的云母色价格便宜，故不但画家愿用，书法家也愿用。画家们还用丙烯云母色做沥粉效果使用，利用丙烯微凸效果点花蕊或服饰纹样等亦佳。从距今近600年的法海寺壁画上用云母粉做绘画颜料之后，这种颜料和技法已失传。如今云母颜料再现精彩，也是优秀传统的回归和重现辉煌。

9. 黑石脂（石墨）

黑石脂是古代画家所用的黑色矿物颜料，但失传已久，我只在于非闇先生所著《中国画颜色的研究》中见到描述。其原文如下：

"黑石脂别名叫石墨，产湖北、湖南，入药，中药店可以买到。它的性质是入口黏舌，和煤不同。古代画家把它研细，用它画须眉。"

我从聆听了于先生的讲课和阅读了他的书籍后就注意到黑石脂（石墨）的实际色相和运用情况，但在古壁画和纸绢的绘画上都未发现过。20世纪80年代我才购到"金碧斋"中国画矿石颜料中的"瓦灰"色，据了解就是石墨。石墨就是现代做铅笔芯的原料。而瓦灰正是和铅笔芯一样的深银灰色相。经我试用，感到微有光泽的

黑石脂（石墨）制成粉末的样品

银灰色相很美。它和深灰的云母色色相接近，但又比深灰云母色厚重，很适合做重彩画的底色，或在黑色底上做肌理也很好看。我曾在作品《老芭蕉与小芭蕉》中的老芭蕉的残叶片上大量使用深银灰色的石墨涂染，其效果很美。而且在花青色的背景下，因色彩冷暖对比，石墨的残叶片显得色相较暖，是一种微微发黄的暖银灰色，正是夜色中残芭蕉的色彩。我的其他作品中也用石墨涂深色人物的衣服，效果也不错。

我还从另一矿石颜料厂寻找到纯黑色的石墨。据有关资料记载，我国古代也曾用黑色石墨制作墨的原料。于先生书中所说的"用它画须眉"，应当就是此种纯黑色的石墨。重彩画中需要纯黑的矿物颜料，黑色石墨其色质稳定，又有微光的晶体，且价格较低，是好的颜料。其成分为碳（化学元素符号为C），其英文名为Graphite，它又是无毒无公害的颜料之选。这是于非闇先生所发现的失传的优良传统矿物颜料。也许传统颜料中还有未被发现的，正等待我们后人去考察和发现它们。

10. 其他黑色（附电气石）

黑色在重彩画中是作为一种颜料用的，因此它需要具备两种特点：一是透明或半透明性质的，例如墨锭研磨出来的墨汁；二是有覆盖力的黑色颜料，例如水粉色的黑色，其原料为碳或氧化锰。

墨锭是以碳（C）为原料的，有松烟、油烟、漆烟的区别。松烟墨是由松树的枝条烧的烟为原料的，其色相偏冷黑，适合书法用，绘画上所用较少。油烟墨是用桐油烧的烟制成，其色相为暖黑，因其暖黑色与其他色易协调，很适合绘画用。漆烟墨是由天然大漆烧制而成，其色相亦为暖黑色，其烟又极细腻，绘画用很合适。无论

墨锭、墨汁和黑色高温结晶颜料样品

墨锭磨的墨汁或现成的墨汁都是较透明的黑色，属水色范畴。

重彩画上如须有覆盖力的黑颜料，可用高温结晶颜料黑色，它是高温烧制而成，故稳定性高，又为细颗粒状，当然比烟所制的黑色有覆盖性，且含有20%的晶体，使黑色色相更鲜明。或用水粉黑色亦可，其粉状颗粒亦比烟粗，亦有覆盖性。

电气石

日本画现代"岩绘具"中的黑色矿物颜料，据了解为天然电气石所制。因中国画颜料中的天然矿石黑色颜料较欠缺，故将电气石矿石所制黑色颜料作一简介。希望中国颜料厂商能够试制，以满足中国画家要求。中国的墨色是属于水色范围的，其覆盖力弱，而中国重彩画多用晶体矿物颜料，水色与石色有时不相配，故很需要黑色的晶体矿物色来配合。电气石制黑色为首选，中国又是产电气石的国家，有条件制造此种晶体矿物为原料的黑色。

铁电气石，英文名为Schorl，为硼硅酸盐矿物，分子式为Na-Fe$_3$A1$_6$[Si$_6$O$_{18}$][BO$_3$]$_3$（OH）$_4$。富含铁的电气石呈黑色，产于我国新疆阿尔泰和内蒙古、云南等地的硼矿床中。电气石在晶体学上为三方晶系，其莫氏硬度较高，为7至7.5。色泽鲜艳、清澈透明者可作宝石原料，俗称碧玺。

11. 中国古代的人造矿物颜料

中国紫与中国蓝

我们早已了解到中国古代就能制造出几种人造矿物颜料，例如银硃（人造合成的朱砂色）、漳丹（人工合成的橘黄色或橘红色）、铅白（人工合成的白色）等。它们大多是在古代炼丹术中产生的副产品。但是，中国古代制造出紫色和蓝色则是近年才被了解的。

2000年秋，由文化部教育科技司推荐我去西安参加秦俑色彩保护国际研讨会，此会议是由中国秦始皇兵马俑博物馆与德国巴伐利亚文物局联合举办的。参加者有多国的化学家、颜料专家和有关的教授、学者多人，专题研究秦俑陶体上所残留的各种颜料和底色涂料。之前，德国专家应秦始皇兵马俑博物馆之请，将秦俑陶体上残存的浅紫色分析清楚，并公布其化学成分为硅酸铜钡，化学分子式为BaCuSi$_2$O$_6$。当时德国专家认为此硅酸铜钡不是自然界中天然形成的，而是由人工合成的紫色颜料。专家认定此浅紫色为2000多年前的秦代人工制造的颜料。这一公布在研究会上引起轰动。中国先秦盛行炼丹术，其目的是为求长生，但其副产品已经产生了人工合成的硫化汞——银珠。在炼丹过程中又仿作玉器，在其制作过程中加入了含钡的化合物和孔雀石，结果又产生了副产品——紫色（$BaCuSi_2O_6$）和蓝色（$BaCuSi_4O_{10}$）。此两种色是与道家炼丹术紧密相关的。但随着汉代独尊儒术兴起，道家炼丹术因此衰落而失传了。魏晋以后，在出土绘画和器物上此二色皆见不到了。

此紫色和蓝色被现代人称为"中国紫"和"中国蓝"，又被称为"汉紫"与"汉蓝"。因为它们都含有硅，因此其形态呈晶体，所以它们不是一般的人工制造的化学合成颜料（其发色为染料染在白色细粉状的物质上），与更为古老的人造矿物颜料"埃及蓝"（$CaCuSi_4O_{10}$）是同系产品。我在2007年访问埃及时，曾看到和购买到埃及蓝工艺产品。是一种浅蓝色的近乎孔雀蓝色的色相，古埃及常用这种色相的人造次宝石制作圣甲虫的装饰料。

秦俑紫色涂层中发现的紫色硅酸铜钡颜料，目前自然界中还未发现。该物质是20世纪80年代人们在研制TI-Ca-Ba-Cu-O系统超导材料时偶然发现的，是由TI_2O_3、CuO和$BaCuO_4$混合氧化物在880℃—910℃条件下与二氧化硅容器之间发生反应而产生的一个副产品。随后经过对它的晶体结构等参数进行分析鉴定，从而确定其为硅酸铜钡化合物。此外，1991年前后，两位美国学者在对中国汉代和战国时代一些器物上的彩饰涂层和颜料棒进行分析研究时，发现该物质存在于着色的器物上及八面棒中，并认为它是人工制造的，命名为"汉紫"。"这种紫色硅酸铜钡颜料在秦俑彩绘中使用较普遍；在洛阳附近墓葬中出土的一些汉代彩陶器上也涂有这种颜料，它还是属于汉代或战国时代的八面紫色颜料棒的一个主要成分。但在我国秦汉以后的石窟壁画及绘画上几乎没有再发现使用这个颜料。"（摘自《秦始皇陵兵马俑文物保护研究》，陕西人民教育出版社，

彩绘兵马俑

壁画中的埃及蓝圣甲虫首饰

1998年第一版）

　　古代中国的人造矿物颜料、古埃及的人造矿物颜料、现代日本的"新岩绘具"（人造矿物颜料）和中国的高温结晶颜料都是同类型的人造矿物颜料。中国秦代制造的人造矿物颜料紫色和蓝色的化学成分已分析明白，虽然已失传2000多年，但我相信中国在不久的将来定会将秦代已发明的此两种颜料重新制造出来，以供现代画家使用。我于2000年，在秦始皇兵马俑博物馆仓库内的秦俑陶体上仅有80%颜料的衣服上见过这种浅紫色的颜料，包括一些小块秦俑残片上也有此种紫色，是一种很美丽的色相。

12. 现代人造矿物颜料——高温结晶颜料

　　天然晶体矿物颜料的色相美妙和色质稳定确有不可替代性，在中国已流传至少3000年之久，而且是作为高档次的精品颜料传承着。但产自自然石色的原料是有限的，例如有些矿物色相虽然合适，但却是非晶体矿物，不适合做颜料。有些矿物色相很美，例如松石（浅蓝色）虽是晶体，但矿物本身色太浅，研磨成细粉后就近似白色了，也不合适。目前天然矿物颜料缺深红、深蓝、深绿等色相，尚未找到天然矿物来制成颜料。日本在近数十年间，已找到天然晶体矿物木变石（赭黄色）、碧玺（黑色）、水晶（白色）等制作新型天然矿物颜料。这是对从中国古代传过去的石色品种的开拓，值得我们借鉴和学习。日本又在近数十年中为现代日本画（亦为重彩画法）的发展和时代的需要，创造出人造矿物颜料"新岩"。据日本颜料厂商公布的新岩色谱共有100余种色，而且可以烧制合成多种画家所需之色相。

　　我从1979年旅日华侨画家郭雪湖画上，发现日本"新岩"的使用，由此得到了启发。后又在1981年"东京展"上桥本明治的大画《醉》中，发现此种有些闪光的新岩颜料。当时我的老师陆鸿年教授认为这种颜料是玻璃所制。后来，1989年我去日本考察时了解到，日本的人造矿物颜料中确有一种"合成岩绘具"为玻璃所制。"绘具"一词在日语中为颜料之意。"岩绘具"一词翻译为中文即是石色之意。我那时查阅日本资料并询问知情者，了解了日本的人造矿物颜料主要有"新岩绘具"（新石色）和"合成岩绘具"两种，而"新岩绘具"是由陶瓷釉色所制。

后我阅读陶瓷釉料书籍得知世界上制陶瓷釉料有两个体系：一个是阿拉伯体系，他们制釉料的熔剂为铅硼熔块；一个是中国传统的体系，釉料熔剂虽有硼，但没有铅。因铅是不稳定金属，我认为没有铅会更好。制瓷釉熔剂的作用是将氧化硅与金属氧化物在高温下融合，而且使釉料中含晶体，其作用非常重要。而我国是陶瓷制造大国，我更相信中国的制瓷釉体系。我有幸认识了淄博美术陶瓷大师朱一圭先生，他是传统制瓷釉的传人，我与他合作，就制出了多种不含铅的瓷釉块，经粉碎研磨成粉末后，就制成了纯中国传统配方高温结晶颜料（人造矿物颜料）。

我将自己多年试制的高温结晶颜料3种介绍如下：

一、瓷釉制高温结晶颜料

1993年春，我在淄博某硅酸盐工程师处定制瓷釉制高温结晶颜料块5种，经自己亲手加工制成色粉，初试成功。1995年，与淄博硅酸盐研究所定制小批量瓷釉制高温结晶颜料多种。2001年至2010年与淄博美陶大师朱一圭合作制成批量瓷釉制高温结晶颜料12色。其色相均为传统瓷釉配方，烧制温度为1200℃以上。经第6届至第12届重彩画学员试用，反映良好。与日本的"新岩"色相与色质相近，其极细颗粒色相饱和。

二、珐琅制高温结晶颜料

1993年，北京珐琅厂的一位老工程师给我介绍说：制景泰蓝的珐琅釉料可以做现代颜料用，并给我从珐琅厂找来几种样品。经过我自己水洗、分目（以钢质箩筛筛选）等过程，看到几种色釉在去掉杂质后，很接近日本"新岩"的粗颗粒状粉末的效果。缺点是在500目以上的粉末因含球磨机中石头粉太多而色相变浅。但其粗颗粒（100目至500目）之间色相很好，其晶体结构肉眼就看得清。北京珐琅厂总工程师讲：因其氧化硅较多，且烧制温度较低，约800℃，

"采苹牌"高温结晶颜料

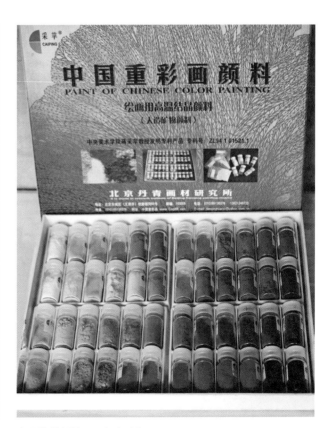

高温结晶颜料——人造石色

因此在500目以上其色相不饱和。现在我认为用珐琅制的高温结晶颜料，虽然细末色相不饱和，但仍可以使用其粗颗粒粉末，效果不错。现在我了解到个别颜料厂商以珐琅制的颜料来代替天然矿物颜料出售，希望画家不要上当。

三、陶瓷釉料结晶颜料

1957年我在山西永乐宫临画时，当时去考察的于希宁先生（曾任山东艺术学院院长、著名写意花鸟画家）曾对我说过："我也使用陶瓷釉料做中国画颜料用。"当时我没在意，也不知陶瓷釉料是什么。朱一圭先生曾对我说过："陶瓷釉料也是高温烧制的，其中已含有20%的氧化硅，已含有晶体，是可以做绘画颜料的。"我了解天然矿物孔雀石等含硅在20%—30%，而珐琅釉料含硅为50%左右。珐琅釉料含硅太多，其晶体虽好，但研制适合做绘画颜料的细度时，其色相已很不饱和而不适合作画。因此我选择了直接用陶瓷釉料做人造矿物颜料的原料。陶瓷釉料的色相品种很多，有很宽泛的选择余地，而且全部已经研细，很适合直接做绘画颜料。陶瓷釉料价格适中，适合学习者和画家使用。

我主张中国画画家应该以使用天然矿物颜料为主，而以人造矿物颜料为辅。初学重彩画的学生，因石色价高可以用高温结晶颜料代替，但不主张全用高温结晶颜料。而且粗颗粒的珐琅制的高温结晶颜料也要少用，只能用在最需要的少部分画面上，用多了就不像中国画了。我在《并蒂鸡冠花》一画上使用较多的红色高温结晶颜料，是因为鸡冠花的花冠在视觉上是绒绒的感觉，只用渲染的传统技法表现很不充分，因此才用上了粗颗粒的珐琅高温结晶颜料，最终达到了预期的效果。

《并蒂鸡冠花》全图和局部　纸本　高温结晶色　水色　67cm×67cm　1995 年

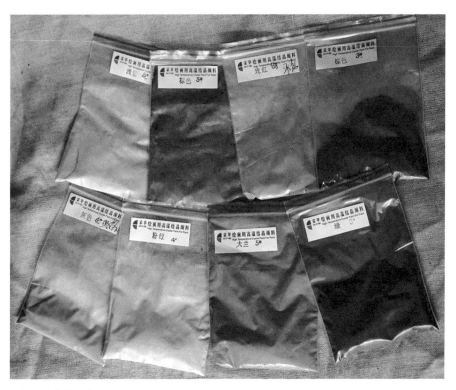

袋装"采苹牌"高温色

目前高温结晶颜料已受到重彩画和工笔画界重视，一些颜料厂商也在试制高温结晶颜料，但多为珐琅釉料所制。如要制作类似日本"新岩"的颜料需要建厂专门制造，并需要培养研究人员、技术人员，更需要社会力量的支持。

第二章

泥土颜料

1. 土黄

土黄为泥土类颜料。蒋玄佁著《中国绘画材料史》中讲："考元明画家，对于土黄颇多使用""此种颜料颇为重要""土出钟山之麓，因近孝陵，禁取难得""所谓土黄，实为黄色土加以锻制而已，其色近雄黄。但雄黄有起化学变化之危险，土黄则不致因时间久远而变色或惨淡"。

所谓"土"字打头的颜料确为选择于土，远古人类的崖画大部分选择土质做颜料，还有土红等。不过在现代选择的土质颜料需要加工精制。土的形成是石质的风化而成为泥土。土黄的化学元素为 $Fe_2O_3 \cdot 3H_2O$，氢氧化铁 $[Fe(OH)_3]$。土黄的色相为不鲜明的黄色，属中间色，中国画中的写意、工笔两派都用的较多。它可以研得极细用于薄染；也可以厚涂而有覆盖力。用于与其他色调和，因其稳定性强，故也不易产生化学变化而变色。故其使用范围较宽泛而且用量较多。中间色的土黄系列（包括赭黄等）、赭石系列（包括金棕等）、土红系列、灰蓝系列、灰绿系列等都是十分重要的。

化学颜料经过至少200年的实践，有些颜料也具有稳定性强、色相多等优势可以选用。例如镉黄（镉的硫化物），呈色相有柠檬黄、深黄、橙黄等多种。欧洲颜料厂商并非都是以化学合成原料制色，它们尊重传统原料的选择，坚持部分现代颜料使用天然原料（包括矿物、植物、土质、动物等）为制色原料。

2. 土红

土红也是属泥土类颜料。其化学分子式为 Fe_2O_3，为含铁矿石风化之泥土状物质，也称铁朱，色相为深红色，也属中间色。它用途很多，是颜料也是涂料。包括故宫和天安门的红墙也是用土红涂的。红色的土主要产在南方，我国湖南、广东等处的土地为红色，适合选作土红颜料的原料。或可从赤铁矿矿石中选取红色矿石，研磨后去粗取细亦可做成土红颜料。

法国画家克劳德·伊维尔的《油画技法·古方今用》中讲："今天在美术颜料中，这些土色大部分都已被人工氧化铁所取代，很少画家关注到这令人遗憾的现象。这些氧化铁和天然赭土相比，是缺乏密度和不透光性；但对于制造颜料的厂商而言，它们别具优点：不含硅石粒；用机器研磨时，不会擦损钢质的轧辊柱"。

天然土红含氧化硅的优点，我在电视上看介绍法国制色的纪录片时看到近年法国在恢复天然红土制色工艺，他们还是尊重传统的。

3. 褐土

褐色在现代重彩画上为重要色相，亦为中间色，属泥土颜料，它由数种化学元素组成。其中化学成分与比例如下：

硅石29.56%

三氧化二铁36.47%

氧化铝2.73%

二氧化锰12.28%

碳酸钙5.56%

化合水8.45%

以上为《油画技法·古方今用》中列举的塞浦路斯土的成分分析。我想地球上各地的土虽有区别，但总会接近的，重要的是绘画用土质颜料都必须有硅（SiO_2）的成分。这与全球画家自古至今所选用的矿物质颜料都含硅是一样的道理。人造矿物颜料——高温结

敦煌土—原矿

敦煌土—原矿

敦煌土系列—红赭

敦煌土系列—土黄

敦煌土系列—灰绿

敦煌土系列—中黄

敦煌土系列—中黄

敦煌土系列—赭石

晶颜料也正是运用了此规律，将金属氧化物加硅的成分，使其含晶体，就与天然的矿物颜料有类似的效果了。

4. 敦煌土系列

近年敦煌发掘出当年壁画土色的实物，所使用的是就地取材的敦煌土，当代一些重彩画家已开始试用敦煌土系列颜料创作作品。

第三章

传统水色与现代水色

多年来成套生产的所谓中国画颜料，实际上却是化学颜料，包括所谓的石色与水色都是传统中国画颜料的代用品。因此有必要让画家们了解什么是正宗的传统中国画颜料。中国重彩画并非全用石色，从古至今，它都是石色（粉质的不透明颜料）和水色（透明颜料）相结合使用的。以达到浓淡相间、虚实结合的丰富效果。因此水色也需重视。传统的矿物颜料石色类已介绍过，下面主要介绍水色。传统水色包括有机的植物颜料、动物颜料以及极微细的矿物颜料作水色之用的颜料。

1. 胭脂

是植物颜料，为有机物。既为绘画颜料也是染料，在古代它还是妇女化妆用品。其色相为较深的冷红色。

胭脂是由植物茜草、红蓝花、紫草茸（紫梗）的汁液制成。蒋玄佁《中国绘画材料史》讲："时珍曰：胭脂有四种：一种以红蓝花汁染胡粉而成；一种以山胭脂花汁染粉而成，亦可染帛，如红蓝者也；一种以山榴花汁作成；一种以紫矿染绵而成者，谓之胡胭脂。紫矿胭脂俗称紫梗是也，又落葵子亦可取汁和粉助面，亦谓之胡胭脂。"

茜草的英文名为Rubia tinctorum。西方绘画中亦用茜草制作红色。据法国画家兼颜料专家克劳德·伊维尔著《油画技法·古方今用》中所讲：胭脂所呈现深红色相很美，但现代的胭脂色已为化学颜料茜素红所取代，其色相与植物胭脂色已不相同。据我认识的一位染料厂工程师讲：现在为环保，中国染内衣的染料已改用天然植物染料染色，而且他已研制成功胭脂植物染料，并经现代工艺加工不褪色，现已用于生产。现代中国画水色如果选用此种既环保又健

水色颜料

康的胭脂天然染料制色，想也并非难事。希望中国颜料厂能重视此事，使中国画家能用上真正的传统的优质植物胭脂色。

2. 朱膘

其色相为橘红或橘黄色，实为天然矿物朱砂的极微细的粉末。在研磨朱砂时，加胶细研过程中上浮一层色相较浅呈橘红或橘黄色，将其倒进容器中，令其干燥，其色粉即为朱膘色。"朱膘"之名即朱砂之膘。它的化学成分为硫化汞，仍为石质。但因其色粉极为细腻，加胶液后兑稀可做透明颜料即水色来用。

朱膘因色质细润可以做渲染法用，例如渲染妇女和儿童的颜面和口唇，亦可渲染花朵等。又因朱砂的色质稳定不易变色，因此得到历代画家的喜爱和选用。从敦煌唐代壁画上所绘的佛像和各类形象的颜面和皮肤上的朱膘色至今已逾千年仍未变色，已证明朱膘为色相美且色质稳定的优质颜料。但敦煌早期壁画多用漳丹（亦为橘黄色，但为氧化铅所制），易氧化变成黑褐色。

3. 赭石

赭石是一种常用的中间色，其色相为棕色，原料为赤铁矿，因铁矿石产地不同，有相近的棕色多种，制成的赭石色粉有偏红偏黄等多种色相。它应属于石色范畴，但在赭石矿石研磨至极细的粉末时可以做水色使用，用于渲染画面中细微部分，亦可调配他色使用。应当注意赭石在极细状态时，它的质量还是比植物颜料重的，因此赭石不易和水色调和。如果赭石需要与花青等植物色调和时，可以采取空间组合法，即将花青等植物颜料分别单色涂在画面上，即先涂赭石或花青一层，待干透后再上它色。这样就避免了二色调和后不均匀的情况。

目前国内颜料厂不一定全用真正的氧化铁矿石来做赭石色原料，国外赭石颜料又有天然矿物和泥土质为原料，其制作工艺精细，不易有渣出现，可试用比较。赭石色为重要的中间色，任何画种都离不开它，选择优质赭石色是画家重要的选择。

4. 花青

我们在市场上所购的锡管装的花青色，经调查一般都是化学颜料。它是由氧化钴加氧化锰合成的，只是色相接近植物颜料花青而已。真正由植物制成的传统花青颜料是有机颜料，质地较透明。因其色相呈现的蓝色虽偏冷，但却是很美，它不同于水彩色的群青和普兰，也有无可替代性。花青又是工笔和水墨画都常用之色，应当考虑和研究这种有机的、植物的易变色的颜料如何改造成为不易变色的优秀颜料。

首先要了解花青的性质和制作使用情况。花青是由蓝靛，或称淀青、靛青制成。它既是颜料又是染料。《中国颜料考》中提到的制蓝靛之植物约有四种，一曰马蓝，产于中国中部及西部；二曰木蓝，属荚豆科之灌木，产于印度及中国南部。三曰菘蓝（即本草之大青），与不列颠古代所产之Woad相似；四曰蓝、草本，产于东北、湖北等地。

关于蓝靛的制法，《本草纲目》中讲："淀，石殿也，其滓澄殿在下也，亦作淀，俗作靛。南人掘地作坑，以蓝浸水一宿，入石灰搅至千下，澄去水，则青黑色，亦可干收，用染青碧，其搅起浮沫，掠出阴干，谓之靛花。"绘画所用花青是取蓝靛之最精细部分加胶收膏使用。1987年，我在广西侗族村寨边曾亲眼看到有石头砌的大坑在用石灰制蓝靛。他们主要是为染制自己手织的蓝布。

欧洲和印度亦使用蓝靛作颜料和染料，所用植物为木蓝，也是用它的枝叶做原料加石灰发酵而成。欧洲画家主要用于水彩画和丹培拉画（蛋彩画）。法国画家克劳德·伊维尔所著《油画技法·古方今用》中木蓝植物插图与我国《本草纲目》书中描绘的形态是一样的。《本草纲目》中讲："木蓝，出岭南……长茎如决明，高者三四尺，分枝布叶。叶如槐叶，七月开淡红花，结角长寸许，累累如小豆角。其子亦如马蹄，决明子而微小，迥于诸蓝不同，而作靛则一也。"

据了解制作牛仔服装的蓝色布料，无论是国产的还是进口的都是由蓝靛染成，不过现代的蓝靛已添了固色剂以避免褪色。1991年，我在贵州听安顺蜡染厂工作人员讲，北京染料厂就有此种不褪色的蓝靛销售，他们当时的现代蜡染和扎染制品染料就是从北京购进的。据香港文联庄画材店老板讲："温莎·牛顿"牌所产的一种水彩蓝色，是蓝靛所制，其英文名称为Indigo322，经试用确与植物花青色很接近。

花青色在中国画中很重要，而花青色的色相纯正与褪色问题始终让画家头疼。我认为，如果中国画颜料厂家能研究改进植物花青色，直接选购北京染料厂的不褪色的蓝靛染料，加入胶后制成新型花青色，肯定大受画家们欢迎。

5. 西洋红

现在大家常用的试管装的国产中国画颜料"曙红"是仿"西洋红"（国际通用名称）而制的透明颜料。其色相为鲜明的冷红色。曙红色为石油产品的衍生物，原料为茜素红，与真正的西洋红毫无关系，只是色相接近而已。冷红色为中国画常用的颜料，我们应当了解它的本源为西洋红。那是一种有机颜料，而且是由一种名为胭脂介的甲壳虫所制，应属动物颜料，与曙红这一无机颜料性质完全不同。

木蓝

"温莎牛顿"牌管装"花青"色与"胭脂"色

中国很早就使用西洋红颜料，它是从我国明朝就已开始进口的有机颜料。据于非闇先生所著《中国画颜料的研究》所载，西洋红是在1582年以后传入的，明代肖像画家曾鲸曾用西洋红画人像。于先生还认为西洋红由于加工精致，一直到现在，尤其在画花卉方面，依然起着很大的作用。据法国画家克劳德·伊维尔所著《油画技法·古为今用》所载，西洋红是西班牙人发现新大陆后，从墨西哥带回来的胭脂介（约1518年），以它制成的胭脂红（Carmine）便是Kermes的音译名字。西洋红是先传到欧洲，因此可能是由传教士带到中国的。

据李可染先生在20世纪50年代讲："齐白石老先生所画樱桃、吴昌硕先生所画的荔枝都使用的是西洋红颜料。据我观察它们的原作，我认为他们所用的是粉末状的西洋红颜料。效果有粉质颜料效果，使樱桃与荔枝显得生动与略有立体感。"在20世纪50年代我见到的西洋红颜料有二种：一种是小瓶装的粉末颜料；另一种是老姜思序堂所制加好胶的小颗粒的颜料，其特点是加水化开后是很透明的水彩样的颜料。目前我们所能购到的是英国"温沙·牛顿"牌（Winsoy&Newton）锡管装的水彩颜料英文名为Carmine。经我试用，虽价高，但确实色正而质优。它虽为动物原料所制的有机颜料，估计已经过现代固色科技加工处理过，故色质稳定不易变色。

西洋红　附紫鉚

我最早是在于非闇先生所著《中国画颜色的研究》中了解中国古代记载有"紫鉚"这种传统赤色颜料的。于老书中说"又叫紫草茸"。产于我国西南边界上，入药，电气工业也用它。它是一种天然树脂——虫胶。远在唐代，张彦远就说它是"蚁"，是制成紫红色的原料，它不溶解于水，需研细兑胶使用。

我在2015年在日本所购的《日本的传统色》（福田邦夫著，2014年版）书中第二章平安—室时代内"花和虫——胭脂二色"一节"生胭脂"条的说明为：贝壳虫作为赤色动物性颜料的名称。在此节所附照片题为"紫铆"图像的解释为"传为日本正仓院所藏药用的贝壳虫"，其下说明文字的中文大意为："在印度、不丹、尼泊尔栖息着一种贝壳虫，是赤色的黏着性物质，是在日本的奈良时代中国唐朝以前由中国渡海而来的。当时以"生胭脂"呼之。它的色浸于棉花，作为染料保存称"胭脂棉"。使用时，用水浸此棉于器皿中，待染料溶出后晾干作为绘画颜料备用。这是世界上比较古老的动物性染料和颜料。16世纪新大陆发现以后，在南美洲又发现

左边为胭脂虫，中间为介壳虫，右边为虫胶枝

圖61　茜草 (Rubia tincto-rum)。從根部提煉出深紅色染料，進而製成紅澱。

從茜草、巴西木中抽取出的是植物性紫紅澱。而從胭脂蟲、胭脂蚧、蟲膠枝中提煉出的屬於動物性染料。

茜草根中抽煉出來的紅澱在光線中最穩定。遠溯古代，便已應用它；直至十九世紀末，出現了人工合成茜素後才被取代。

茜紅 (Laque de garance)。Madder lake (英)，Krapplack (德)，Lacca di garancia (意)。它是最深色的紅澱，也比較穩定持久，非常透明，無色體。混合鉛白後它的色調稀淡時，便會失去紅色色澤；若調以鋅白，則較穩固。

胭脂蟲 (Kermès)。Kermes (英)，Chermes (意)，Kermes (德)，Quermes (西)。胭脂蟲乃是最古老的染色料之一。西班牙人發現新大陸後，從墨西哥帶回來胭脂蚧（約1518年），以牠製成的胭脂紅 (carmin)，便是kermès的音轉名字（圖52）。

圖62　胭脂蚧 (Coccus cacti)。原產於墨西哥的小昆蟲。它的染色料可製成胭脂紅。

胭脂蚧 (Cochenille)。Cochineaf (英)，Nopalschildlaus (德)，Cocciniglia (意)，Cochinilla 或 Zacatillo (西)。

西洋红（瓶装，制成粉状）
左碟为胭脂虫，右碟为西洋红粉末

槲树上寄生的胭脂贝壳虫，以它作为赤色的染料和颜料的原料，其英文名为Carmine。近代的日本以"洋红"之名称之。据市川宁静著《丹青指南》载："洋红"是一种做成红色粉末，为日本弘化年由加拿大人从海外带到长崎，开始时作为染料使用，到明治维新时期，由画材商杉山助将洋红作为画材商品上市，当时价格很高。

从以上中日书籍所载可以得出结论："紫铆"和"胭脂虫"为两种不同物种。"紫铆"产于印度和我国西南部，属贝壳虫。"胭脂虫"产于中南美洲，属甲壳虫。前者失传已久，后者则在近现代仍作为红色颜料使用，称之为"西洋红"。

由日本书籍印证，于老书中说"紫铆"是一种树脂，它不溶解于水，正与《日本的传统色》中所说"贝壳虫"是采集栖息在树上黏着的红色物质相一致。这黏着物自然是树脂，树脂是不溶解于水的，此红色树脂需研细兑胶才能作为红色颜料使用。而且此红颜料是从中国渡海传到日本的。我困惑多年的"紫铆"红颜料到底是什么，就此才算弄明白。

数年前我曾看到德国制造颜料的纪录片，看到德国工人用手抓一把小虫（胭脂虫）在双手中一搓，双手掌立即变成红色。曾有友人赠我一小瓶胭脂虫（晾干状态），当时我还将信将疑，但看到纪录片上与我收藏的胭脂虫二者形态一致，才确定我收藏的是胭脂虫无误。

真正的西洋红颜料，德国、英国都在坚持用胭脂虫为原料，我国亦有进口，为水彩色，锡管装，色质稳定可选用，英文名为Carmine。虽然其色价高，但可用于精品绘画，此冷红色相甚佳。

6. 藤黄

于非闇先生所著《中国画颜色的研究》中记载："藤黄。藤是海藤树，落叶乔木，高五六丈。这是热带金丝桃科的植物。由它的树皮凿孔，就流出胶质的黄液。黄液用竹筒承接，干透后中间略空，就是我们绘画上所用的'笔管藤黄'……颜料店总是叫它'月黄'。因为越南产的质量顶好，其次是缅甸、泰国。店家把'越'俗写成'月'，一直到今，便叫它'月黄'。这种颜料，在唐代以前即输入我国，称'真腊画黄'，又称'林邑之黄'。"

于非闇先生书中所说的"胶质的黄液"实际上就是海藤树的树脂，与桃胶、松香、阿拉伯树胶等类似都是树脂，因其已有胶性故不用再兑胶，直接加清水使用就是黄色颜料。因藤黄有毒，用时注意不能入口，并要用后洗手。藤黄作为颜料有的为柠檬黄色、有的

藤黄（碎块）

为中黄色、呈圆柱状的为真货，散碎的也可泡水使用，如呈粉末状的难辨真伪。

书籍所载其他传统黄色植物色如槐花、黄蘗、生栀子等均可制成黄色，但在近代多已废弃不用，故不列出。

7. 漆姑汁

唐代张彦远《历代名画记·论画体工用拓写》中记有："漆姑汁炼煎，并为重采，郁而用之。（古画皆用漆姑汁、若炼煎谓之郁色。于绿色上重用之。）"

古画上所用漆绿，是一种植物色，即指漆姑草的汁，因其为深绿色，用于罩染在石绿色上会形成一种深绿的色，以弥补石绿色所缺少的深绿或墨绿色。漆姑汁入色久已失传，既有记载不可不知。

漆姑草又名珍珠草、大龙叶、毛漆、大毛七等，为一年生或二年生小草本，生于山野、庭院、路旁等阴湿处。分布于江苏、四川、湖南、湖北、贵州、云南等地。从古至今漆姑草主要用于中药，可治漆疮、秃疮、跌打内伤，无毒。

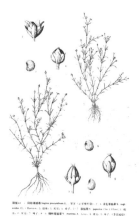

漆姑汁植物及示意图

现代多种天然植物色都可制成染料和透明颜料，漆姑草的汁在中国古代是作为深绿色入画的，而深绿色是现在中国画不可或缺之色。希望现代中国画颜料厂商也可以试作以漆姑汁为原料的深绿色，以满足现代中国画家，尤其是重彩画家的需求。

8. 现代植物色

中国传统颜料的水色部分大部分是天然植物加工的颜料，例如花青、胭脂等。植物花青色的色相有一种独特的美感，有无可替代性，正如矿物所制的石青、石绿等的色相美和材质美的无可替代性一样。

目前中国颜料厂不生产这种真正的花青色，但英国的"温莎·牛顿"牌都有产品在中国销售。我介绍如下：

花青色（英文名称Indigo），为水彩色、管装、编号322。胭脂色（英文名称Mauve）为水彩色、管装、编号398。西洋红（英文名称Carmine）为水彩色、管装，它是动物色也是水色。

花青、胭脂、西洋红等现代水色

9. 水彩、水粉、丙烯色

现代中国画家尤其是重彩画家，因为画面所需色彩较丰富，而且粉质颜料与透明颜料交错运用，所以经常会选用国内和国外的各种颜料。中国画是使用水胶质的颜料，因此使用国内国外的水彩、水粉、丙烯颜料是可以的。为此我们必须了解这3种颜料的性质和特点。这3种颜料都是以白色粉末状物为基料，再以染料去染成各种色粉，最后加胶状入管为成品。其中的各色染料最为关键，染料的优劣又是关键的关键。既然了解所谓中国画盒装成套或单支的颜料都是化学颜料，并非传统的矿物和植物所制，实际上就与水彩水粉一样了。选择国产进口水彩水粉是一种选择，有些国家化学水平较高，其染料水平亦高，即染料的牢固性、色相等相对较好。只是在选择进口颜料时要了解它们是分为普通用（学生用）和艺术家用的不同等级的。中国画家应选用有"+"标记的颜料，而"+"号越多质量越高，当然其价格也越高。世界上有名的牌子也不可不了解。例如英国的"温莎·牛顿"（WINSOR & NEWTON），德国的"考特曼"（COTMN）、美国的"高登"（GOLDEN）、荷兰的"伦勃朗"（REMBRANDT）。

西方的化学颜料，从19世纪至今已有200多年历史，现有如下系列：

一、镉属颜料系列

即暖色系列，色相由淡黄至紫红，其中包括深浅不同的色阶，如镉黄、镉红等。镉系列颜料色相很好，且色质比较稳定。

二、钴属颜料系列

即冷色系列，如钴蓝、钴紫、天蓝等颜料的色质都比较稳定。

三、铬属颜料系列

有铬黄、铬绿、氧化铬绿等。

四、茜素红淀（植物颜料、经固色处理）

五、花青（植物颜料、经固色处理）

六、钛白（详细介绍见"白色"一节）

10. 日本画画材简介

现代日本画的画材与技法都是从古代中国传过去的，日本画家们都承认这个事实。日本人喜欢色彩绘画，所以将中国的工笔重彩画在一千多年的日本画中发展得极为丰富。从日本古代的大和绘、障壁画、屏风画、浮世绘（"肉笔浮世绘"）、美人画等至今没有中断。尤其对古代中国传过去的画材不但保留至今而且有所发展，例如在中国矿物颜料的品种方面又开拓出木变石制赭黄色、电气石和黑碧玺制黑色、方解石、水晶制白色等，又制造出陶瓷釉烧制的"新岩"（人造矿物颜料）等。这些都值得我们学习和借鉴。下面我简略地将日本画所使用的画材做一些介绍：

一、基底材料

现代日本画基本是使用从中国唐代传到日本的麻纸做基底材料，但也有用麻布、绢帛做基底材料的。

1. 麻纸

中国古代使用麻纸作画较多，传到日本后一直流传到现代。日本画主要是传承了中国的重彩壁画的技法和画材，但日本是多地震国家，因此将中国的重彩壁画的方法应用在障壁画和屏风画上。麻纸因纤维长、质地较粗、纸型较厚，因此吸附矿物颜料较厚的涂色法也适合这种纸。日本画的麻纸种类很多，例如：云肌麻纸、鳥の子纸（鸟卵之色）、美浓纸等。中国产的各种皮纸与日本的麻纸相似。

2.绘绢

日本绘画用绢是仿中国的宋代绘绢，相当于中国的原丝绢，故质地较厚、绢丝也粗一些。

3.色纸

日本称画仙纸，在中国称卡纸，是小型的有硬底的纸。

4.金箔纸与银箔纸

箔的意思是金属箔在下层，上面有一层极薄的稀疏纸纤维。目的是为了在金属箔上便于作画，矿物颜料便于附着。

二、颜料

1.岩绘具

日本画用色自古至今都是以天然矿物颜料为主，日语称之为"岩绘具"。但日语中的汉字与中文并不是一个意思，"岩"翻译为中文是"石"之意，"绘具"在日文中专指颜料，在中文中是泛指所有的绘画工具。

现代日本画的"岩绘具"（石色）据日本画材书上介绍。其中"群青"即中国的"石青"，"绿青"即中国"石绿"，"辰砂"即中国"朱砂"，"岱赭"即中国"赭石"。其他多种中间色中国现代传统色颜料厂也有生产，如"金碧斋"等颜料厂的产品。但是日本石色价格是中国的近5倍，因此一般只选购一些中国缺少的品种。

2.云母

日本画颜料中有多种云母粉，例如：白云母、黑云母（日文名

"银")、金泥云母(日文名"赤口")等。这些云母粉中国也有生产,还有"马利"牌的丙烯管装云母。欧美管装丙烯云母亦有,称干涉色。日本"吉祥"牌小支塑料管装的金银云母颜料,是用胶调成的,已为中国画家认可,而且中国书法家也喜欢用。

3.胡粉

日本称"胡粉"的白色颜料,实际上就是中国从古至今所生产和使用的蛤粉,日本是沿用了中国古代的名称。日本生产的胡粉多为纸盒装,有数种规格:涂底子的质量一般;调色或单独使用的质量较高,更白细一些。我认为胡粉质轻,有泥土感,最好加一些方解石粉才更得心应手。中国画家比较认可日本"吉祥"牌的水胶质管装的胡粉。其色相很白,质细又使用方便。

4.水干色

其色是化学染料染在白色细粉上的,多染在胡粉上,实际上是与西方的水粉色制法相同。日本水干色为长筒形玻璃瓶装,粉末状,使用时需加胶。其色质不如岩绘具和新岩稳定,又无晶体感,价格亦低。多用于底色或初学者使用。

5.颜彩

是纸盒装,内有小长方形瓷容器。有12色、18色两种规格。其中有石色也有植物色,已加好胶,为外出写生使用方便。

6.新日本练绘具

是管装加好胶的成套日本画颜料,有12色、24色、30色装规格,有石色也有水色,也是为画家外出写生方便使用。

7.日本画用胶

A.鹿胶

其名是沿用中国唐代绘画用胶的名称。中国唐代张彦远《历代名画记》记载有鹿胶名目，为鹿皮和鹿骨所制。日本因禁止杀鹿，故改用牛皮制胶。有小方块颗粒状，纸包装；也有小玻璃瓶装，黏液状。

B.三千本胶

亦为牛皮所制，保留了日本传统制胶方法和样式。据了解日本制此胶的方法是先熬一大锅胶液，胶盛在一平板上拆开晾干，后切成三千条状胶条，故称"三千本胶"。用时将约30厘米的硬胶条掰成小段用水先泡，再用砂锅熬成胶液后使用。但其色深，对调色是有影响的。不如现代中国制的明胶亦为牛皮所制，色浅又不需熬制，只加70摄氏度热水化开小胶粒即可。现在，日本画家作画也开始选用中国明胶。

现代日本画的画材与技法主要都是沿袭古代中国传过去的内容。日本民族似对色彩绘画情有独钟，他们学习和继承中国的工笔重彩画后，在一千多年的日本画发展历史中使其更加丰富。从日本古代的大和绘、障壁画、屏风画、浮世绘（"肉笔浮世绘"，即手绘非木版水印涂世绘）、美人画到现代日本画，都是以矿物颜料为主。近数十年，中日在这方面多有交流和互鉴。我和我的朋友、学生们致力于双方重彩画艺术交流工作多年，也为中日文化交流做出了一些贡献。

11. 法国颜料简介

此法国颜料是潘世勋于2016年购于法国南部红土城。因为土地、山石皆是土红色，甚至房屋也以红石做材料，故得名红土城（Roussillon）。远观此城一片美丽的红色，吸引众多画家来此写生。

此地于18世纪末发现优质赭石，所制赭石系列颜料为画家

颜料名称翻译
第一排：杏黄　中黄　沃克鲁兹赭黄　沃克鲁兹深赭黄　深赭色　撒哈拉沙土　氧化钛白
第二排：青绿　土绿　天蓝　深灰　淡蓝紫　群青　深赭灰
第三排：红赭　深紫　天然锡耶纳棕土　天然深棕　锡耶纳深棕　熟褐　葡萄藤黑

法国红土山地区产颜料粉有百余种颜色，在此列举部分。

凡·高等人所喜用，成为著名的赭石、棕红、黄色等颜色的主要产地。红土城的传统颜料制作已有200多年历史，目前此城的颜料店内颜料品种十分丰富，各种石色、泥土色都制成粉末状态销售，并说明各色均可调和阿拉伯树胶、丹培拉、各种油剂、丙烯等溶剂使用。

法国以及欧洲多国至今延续使用着传统天然材质的颜料，这些传统颜料色质稳定、色相绝美，是全人类的共同文明财富。

第四章

金属材料及使用方法

现在画家使用的金属材料有金箔和泥金（金粉）银箔和泥银（银粉）铜箔和铜粉、铝箔和铝粉。金箔等是利用其伸延性经锤制而成的极薄的金属片；泥金（金粉）等是用金箔等再加工研磨而成的金粉等。下面分述之：

金箔　贴金箔后的效果图（瓶中为金胶油）

一、金属颜料

1. 金箔与泥金（金粉）

古今中外绘画都选用金属中的黄金当作颜料，不仅是因其色相华美，也因其色质稳定，不会变色。

A.传统金箔

紫赤金：是一种略带红色的金色，多用于贴寺庙佛塑像的面部。约有九九成金。

库金：即常见的金首饰的金色，为九八成金。是98%的纯金和2%的纯银合成。绘画上常用的即此金。

大赤金：为略带黄色的金，又称冷金，它有70%的纯金，相当于18K金。

田赤金：呈淡黄色的金，相当于14K金。

B.泥金（金粉）

在一个较平瓷碟上，加一点浓胶液，用中指蘸上一点浓胶液，去粘金箔数张（依所需之金粉量而定）再将金箔放到瓷碟中，快速地用中指旋转去研磨这数张金箔，很快地金箔变成粉状。然后在瓷碟中加温水，将手指上和碟子上的金粉溶在水中。因金粉有重量，很快地就会沉入水底。而这种水含有胶和其他杂质，应在金箔粉沉底后倒掉。倒出水的金粉如感到不够细，可以如上方法再次研磨，或多次研磨直到细度满意为止。如果金粉细度已经合适，在倒出水以后（余少量水是可以的）金粉会均匀沉在碟底，令其自干。彻底干后，因其中已含有胶，只用有少许水分的笔蘸着金粉，就可以直接画在画面上。画材店中出售的碗金，也是此法做成的，但其价高，如果自制就会便宜很多。

近代任伯年善用金粉作画，例如中国美术馆所藏他画的朱砂底《牡丹孔雀》一画，即用真金粉所画，以小写意手法画成。他所绘的12条屏《群仙祝寿图》（现藏上海市美术家协会）是真金粉的底色，其效果华美绝伦。不过这种泥金纸尺幅较大，一般不是画家自制的，而另有工艺师专门制作而成。金箔可以平贴于画底上，也可局部贴用，并在金箔上再用石色渲染。我在1998年所绘的《金芭蕉》即为贴金箔后再在上面渲染石绿等色绘成。

奥地利画家克里姆特贴金箔的油画作品 《阿黛尔·布洛赫鲍Ⅰ》 1907年

银粉与铜粉

2. 银箔与泥银（银粉）

制法与制金箔、泥金相同。但因银为不稳定金属，所以极易变色，故画面上很少用到它。日本现代画家通常是将银箔加热或用硫磺熏过，形成不规则肌理后使用。或者以白色云母形成的银色来替代银粉用，白云母是不变色的。

3. 铜箔与铜粉

铜与空气中的氧、硫易化合，故易变色。但作为初学者可以代替金箔做练习用，不宜做精品创作之用。

4. 铝箔与铝粉

铝箔与铝粉也是不稳定金属，易变色。也只能作为初学者做练习用。

二、贴箔法

1. 满贴画面法

需要画面装饰性强和追求画面富丽堂皇效果的，需要在做画前将画面满贴金箔的，应在贴箔前先将画面涂一层橘红色颜料。传统是用漳丹（化学合成的橘红色氧化铅）涂底色，以衬托贴于其上的金箔，使金色的彩度更高。现代不用漳丹亦可，但也要橘红色颜料。金箔有两种规格：三寸见方和一寸半见方。画面较大可用前者，较小可用后者。满贴画面用量较多，在金箔上作画涂石色或水色都会透出下面的金色来，使画面上所有颜色都有金色的成分，效果极佳。也有在局部造型上用颜料来画，而底色是掏空来贴的方法，因此金箔多为不规则形，虽较麻烦，但可节省金箔。

需贴金属箔的画要用硬底子的版面。如画在墙壁上自然是硬底子。如果是贴在纸上的金属箔，则需要将纸（要裱成三层纸）绷在木板版面上，才能涂橘红底和贴箔。不能贴好箔再去托裱，那样箔就会脱落而前功尽弃。贴箔有专用的黏合剂，介绍如下：

（1）金胶油：画材店有售，直接用即可。

（2）蒜糖胶：用食用大蒜瓣适量，与同等重量的冰糖末放在一起捣成泥状。再用一块纱布将此泥状混合物挤压成无色透明的黏液放置于小盅中备用。其特点是此黏液不很快干，可以慢慢地去贴箔，以免贴箔过程干得太快而来不及。中国传统方法用此蒜糖胶，而巴黎美术学院的技法工作室中的师生也是用此蒜糖胶贴箔。这是1985年我在巴黎美术学院宾卡斯教授工作室采访时亲眼所见，与中国传统贴箔法不约而同。

（3）明胶液：即调石色的明胶液，为牛皮或猪皮所制，是不含

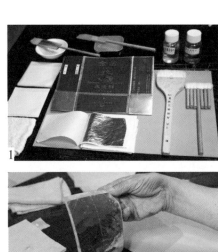

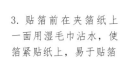

贴箔步骤说明：

1. 准备工具材料

2. 在朱膘或水粉橘红底卡纸上涂胶液

3. 贴箔前在夹箔纸上一面用湿毛巾沾水，使箔紧贴纸上，易于贴箔

4. 贴时手要稳，屏住呼吸，才能对准要贴的位置

5. 贴好后用软毛排笔刷一遍（隔纸刷），使箔贴得紧密

6. 贴好一块，可以继续贴下去

防腐剂的可食用胶。贴金箔的胶液比调色的黏度要大一些，因其干得太快，使用时不要涂大片，只适合涂小片。

以上三种黏合剂，以用平头毛笔涂在纸上为宜。但贴极小的不规则的小片，可用有尖的毛笔。贴箔时是一片一片金箔紧挨着贴过去，在两片之间可以稍微压住一点点，不能留下缝隙。用正确的贴箔法贴完较大面积后，会形成一片完整的金色底，似乎是一大块金箔贴成一样。

2. 局部贴箔法

如果需要节省金箔，可以先画上有色的造型部分，画完后再补金箔底。这样色彩造型中留有不少底子空隙，这些空隙多为细小的不规则形，需要十分耐心地一小块一小块解决。这一步骤需将金箔用两层薄纸夹着，用剪刀剪成所需要的不规则形，可略大一点，在此小片不规则形内整齐地涂好胶液，然后将箔贴上去。注意先不要动箔的多余部分，待胶液干透，再用软毛笔轻扫多余金箔，留下的金箔已经按所要求的形状完整地保留下来。而扫下的金箔细小碎片，可以装入事先准备好的小纸盒内。此细小箔片还有用途，可以研磨成金粉，或做洒金使用，避免浪费。

更要注意的是在贴箔时室内空气不要流通，最好关上窗户，贴箔时要屏住呼吸。因为金箔极薄，它很容易就被风吹跑，呼吸也会使金箔震动。而轻微震动也会使金箔不能按所需之部位贴准确。这是一项需要极其耐心的细致工作，不能有半点的急躁和疏忽大意。

3. 沥粉贴金法

此法是用于画面上的需要微突起的线条或纹样部分，能使画面效果增色不少。此法从古至今在我国壁画上使用很多，包括工艺品、戏曲头盔、彩塑上也用此法。其制作方法是先沥粉，沥粉材料是白土粉70%，加立德粉30%（此两种粉涂料店有售）。将这两种白色粉末加入浓明胶液，再加少许桐油，一起搅拌成糊状待用。再准备一小塑料袋，在塑料袋底部剪一小口，戴上粉尖。"粉尖"为传统称谓，为金属制，形如铜笔帽，但尖上有一小孔，以挤压沥粉用。现在可用挤奶油蛋糕花纹的金属尖嘴，不必自制。更方便的办法，是选用在玻璃上挤花纹的己带尖嘴的丙烯色，画材店有售，锡管装，有各种颜色。使用时打开盖子，在锡管壁上挤压，其小嘴自动挤出很稠的粉糊，可在画面上形成凸起状线条。待此凸起线条干燥后，可以将金箔连同上下两层箔剪成相应小条，在凸起状线条上贴箔即可。现在在玻璃上画凸线的颜料有金、银色，为锡管装，口上有尖孔，在纸上挤出立体线来很方便，与传统沥粉再贴金箔效果一样。

4. 拨金法

王定理先生著《中国画颜色的运用与制作》一书中提及此法的效果有些近似雕刻。金箔贴好，干后用白粉饿一下，再用棉花轻轻擦之，才好着色。勿伤金，然后根据服饰器皿花纹的需要涂以不同的色彩，所用的色彩是用鸡蛋清加两倍水调制的颜色。待颜色八成干时，用自制的不同粗细的竹签，根据花纹所需之线条，用竹签将线条部位的彩色颜料剔除，露出金色底色。经过这样的处理，所出现效果是颜色花纹被剥掉的地方露出非常光亮且是凹下去的金色图案，色彩上的金色花纹，色泽明亮，且有凹下去的视觉效果，而颜色下面有金色衬托，使作品整体显得鲜艳富丽。此为传统方法，多用于壁画和彩塑。

5. 雕金法

此法与拨金法相反。拨金法线条是金色的，雕金法的花纹是金色的，而线条是暗的。其方法就是将拨金法反过来用即是。

我于1957年曾在山西永乐宫元代壁画上看到以上数种金箔使用法。1986年在比利时布鲁塞尔市美术馆看到15世纪画家凡·爱克所绘的祭坛画《圣母子》中，圣母朱砂色袍的花边及左侧主教石青色披风上的全部图案，都是用拨金法和雕金法绘制的，其精致华贵的效果令人炫目。笔者就是看到了此画，才了解到欧洲中世纪绘画与中国画同样使用金属颜料和矿物颜料，而且使用的技法也很类似。

第五章

重彩画所用胶、矾及其使用方法

中国重彩画以矿物颜料为主，而矿物颜料是需要加胶才可使用的，从古至今中国重彩画用胶是很讲究和慎重的，如果胶选得不好会直接影响颜料的纯度和明度。传统的用胶原则是：一、选择有机类的动物胶；二、可逆性胶类，即可溶于水的胶，例如阿拉伯树胶，所谓"可逆性"是留在容器中干后的有胶颜料遇水仍能化开。

1．明胶

明胶是用牛皮或猪皮所制。20世纪80年代之前，中国画用的动物皮胶是粗制的，色较重且易腐败。20世纪80年代后，天津食用胶厂生产一种明胶，是经过提炼加工，产品为小扁圆颗粒状，主要用于食品工业，并且不含防腐剂，合乎无污染的原则，被画家选为矿物颜料的黏合剂（溶剂）。此明胶从小扁圆颗粒被磨碎为粉末状，更易于加水化开，便于画家使用。现在画材店所售之明胶即用此种

明胶和阿拉伯胶、明矾颗粒

明胶调剂。其特点是胶液色呈极淡的黄色透明状，对所调的矿物颜料的色相几乎没有影响。但用明胶调矿物颜料时应随用随调，不要调太多，剩胶保留在容器中时间太长，是会影响颜料的色相、纯度、明度的。中国古法用胶有"出胶"之法：即当日将未用完之色在容器中用热水去搅拌，放置一夜后，将已形成的稀胶水倒掉，这时因矿物颜料较重已沉入容器底部，可再加新溶开的明胶液使用。

制作明胶液方法，是在一小瓷碗（玻璃器皿亦可）内先放置所需之明胶末适量，然后加70℃—80℃的热水去溶解。注意千万不能用100℃的开水！其原因是开水会破坏明胶中的胶原蛋白质，而使胶的黏性不够。

有的中国画家选用日本制的"三千本胶"或瓶装液体"鹿胶"。"三千本胶"呈约一尺长的条状，用时需切成小段，在头一天先泡上，第二天用砂锅在火上去熬制，才能成为胶液。其特征为色深如茶色，且使用不变色。另一种"鹿胶"液，为玻璃瓶装，使用方便，是沿用中国唐代之名（见唐代张彦远《历代名画记》所载鹿胶），我曾向日本画材商询问：日本所产之鹿胶是用鹿的角和皮所制？其回答是：日本是保护鹿的国家，不会做鹿制品，所谓"鹿胶"只是沿用中国唐代之名，而实际上用的是牛皮所制的胶液。

1998年我主持第一届中国重彩画高研班时，曾请日本多摩美术大学原日本画科主任市川保道来班讲学。我们给他准备了日本三千本胶液作示范表演，但他看到学生们画案上都摆着中国生产的明胶和明胶液，其色比三千本胶色浅很多，而且透明度更好。他问我，我作了解答，并告之可在北京化学试剂商店购买。我送市川先生及其两助手上飞机时，见他们三人各手拎两大包中国明胶回国。这也可以算是自汉唐以来的又一次中日绘画及画材的交流。

2. 阿拉伯树胶

此胶是西方制水彩和水粉色的传统用胶。阿拉伯树胶是一种树脂胶，为有机类的植物胶。据了解此种树产于阿拉伯国家，故名阿拉伯树胶。此树胶为一种树干流出的液体凝固而成，它碾成粉末会溶于水，也有可逆性，不容易腐败，还有色淡和透明度好的特点。中国产的水彩、水粉色也选用它为溶剂。它既可作为水彩、水粉色的溶剂，同为水胶类，用于中国画颜料（无论矿物颜料和水色）当然也是适用的。我近十年中试用阿拉伯树胶已取得经验，现在多用此胶。常用的是荷兰生产的"达兰"牌（TALENG）阿拉伯树胶液，它呈淡黄色，略微混淆，但不影响色相。用颜料调和此胶液后，用后不必出胶，它与矿物颜料同干燥于容器中无妨，再用时加点冷水就可以重新化开使用，十分方便，也未发现胶液变质情况。

笔者也曾试用美国制的"皇冠"牌胶水，画材店说也是阿拉伯树胶所制。开始几年此胶液还好用，其色很淡又透明度高。但几年后，发现此胶液原来的可逆性减退，甚至80%不再溶于水，干在容器中的矿物颜料很难化开再使用。因其包装为分装物（由进口的大罐分装为小瓶），是否在分装时兑入不可逆的丙烯胶？因此我只好放弃此胶液，而改用荷兰原装的"达兰"牌树胶。此胶在许多画材店均有售。

数十年来，用于中国重彩画颜料的胶类不断变化和发展。画家不必囿于传统用胶，也不必限于中外，只要是更为顺手的或效果更佳的，都可试用。例如，丹培拉绘画所用的蛋黄油，为纯蛋黄加亚麻仁油所制（类似西方做菜用的蛋黄加油的制剂——色拉酱）。此蛋黄油是既溶于水亦溶于油的一种溶剂，也可以调和矿物颜料，西方中世纪的丹培拉绘画已经在这方面取得经验。只不过以蛋黄油调和颜料后就不可逆了，而且颜料表面会形成略有光泽的膜。

还有一种纤维素胶，即甲基纤维素。法国瓦克尔著《绘画材料与技法》中讲提到此胶是经过某种化学处理的枞树或山毛榉树的纤维变成的胶。这是现代产品，根据新的专门用语，是适合于做颜料媒介的黏合剂。因甲基纤维素胶有可逆性，故中国画家调和石色时可以试用。此胶属于有机胶类，化学试剂商店有售。

至于中国古代所用之胶，如桃胶、阿胶、鳔胶和鱼胶等，就不一一列举。因为它们早已从画材中被淘汰。

3. 明矾

明矾，其英文名为Kalinite，其分子式为$KAl(SO_4)_2 \cdot 12_HO$。又称钾明矾，可食用，可用于净化水和油炸食品的添加剂。形态为半透明无色块状晶体。在绘画上的用途是固定矿物颜料和涂在生纸上起防漏水的作用，即将生纸变为熟纸。它的常用方法是与胶合用，即做成胶矾水。

胶矾水的配制口诀是：二胶一矾二斤半水。把前辈画家流传下来的胶矾制作比例换算公式为：明胶60克+明矾30克+水1250克。此矾水比例是指一般情况，如果是夏季配胶的比例要少一些，冬季配胶的比例要大一些。此胶和矾的比例是指能将生纸制成熟纸的胶矾水比例。

矾水单独使用，主要是涂在矿物颜料上作为固定颜色之用，以便于在矿物颜料上再渲染。但要注意矾水不能太浓，太浓会在矿物颜料上形成白色痕迹。最好是先在另一纸上涂上同样矿物颜料，再涂一笔矾水，待干后颜料上无白痕即为矾水浓度合适，如有白痕则需将矾水加水稀释，再度试验，直至矾水浓度合适为止。

第六章

其他画具画材

常用画材

1. 笔洗

即涮笔的器具。近百年来的传统样式为圆形或方形、长方形，有些分成二格或三格。其中一格中保留清水，便于重彩画细微的渲染。分三格的更好，除一格为清水外，另外两格中分一格为冷色用，另一格为暖色用。这样就不必频繁去换水，而且能保证调色和渲染时的颜色的纯净度。如果水不干净，调色的纯净度会大打折扣。笔洗以瓷质白色为好，便于清洗干净。

2. 色碟

即调色的碟子，以白色瓷质为好。因为石色往往不会一次用完，常常留在碟中待下次再用。所以瓷碟要多备用，有数十个也不算多。备用的瓷碟或小瓷碗需大中小数种，因用色的量不同。画大型重彩画的色碟就需要用碗来调色了，目前重彩画巨幅作品已不在少数。

　　用不完的仅有石色的碟子常要叠在一起，因此就有传统式的叠在一起的成套的色碟出售，这种套碟可节约画具的面积与空间，亦很美观，还可保护颜料不会落灰尘，实为佳器。

3. 乳钵

　　有白瓷和玻璃质地两种，前者价廉一些。因朱砂等石色硬度低，可以自制，所以需要准备乳钵随时研磨。或是所购其他石色的色相或纯度不够，也需要自己用乳钵再加工。要注意石色是越研磨色越浅，不宜多研磨。乳钵也有多种型号，最好购买大一些的乳钵，因为研磨时多用胶液，研好后还要加热水将胶液提出来，名为"出胶"，因此乳钵容积就不宜太小。

前排左一为乳钵，右二为手执放大镜，左上角圆筒为日制筛金箔碎屑用具

4. 笔筒

笔筒的材料很多，有瓷制、木制、竹制、金属制等多种，作为画家实用工具不宜过于华美，以结实方便为原则。重彩画家所用之笔多短小，笔筒不宜太高，排笔和板刷笔长杆画具可另放一笔筒，以便于取用。

5. 砚

用砚台和墨锭研墨，研出的墨才细润。如果是墨汁则不佳，原因是墨汁放久了其墨分子会聚合而不细润，与宿墨的效果类似。实用砚以造型简单无雕饰、有木盖并价格适中的端砚最佳。使用时，要将砚洗净无宿墨，这样研出的新鲜墨汁墨分子细微，可以出细腻的墨汁。画中常需用不同浅灰色的墨汁，只有在干净的砚池中研出的墨色，才会有极均匀的各种浅灰色出现。

6. 印泥

印泥是画家盖名章和闲章所用，是必备之物。印泥主要用红色，也有其他色印泥，如蓝色、绿色、白色等。过去蓝绿色印泥主要用在丧事等场合。现在可以考虑画面的总色调的需要选择各类色的印泥，也有用金色或银色的。但绝大多数画家选用红色印泥。红色印泥以朱红色为佳，因其色相既亮丽又沉着，是很美的色相。朱砂印泥也有不同的色相，有不同深浅的朱砂印泥，还有偏橘红橘黄色的朱磦印泥。深色为主的画面宜用朱磦印泥，较浅色调的画面宜用深色朱砂印泥。

注意印泥放久了会溢出油脂和石蜡，故使用印泥时要用骨质小铲搅拌，使印泥的油脂和石蜡与朱砂调和均匀。这样才能使盖出的

印章及印泥

图章清晰而稍有立体感。

7. 重彩画用毛笔

（1）勾线笔

以狼毫等硬毛的笔为宜。常用的有北京李福寿老字号的"衣纹""叶筋"笔，此两种笔都有不同大小粗细的号。还有山东生产的"花枝俏"，所选用的毛似乎更硬一些，而且也更耐用，亦有各种型号。

如果需要更小的勾线笔，还有大红毛、小红毛、小狼画（苏州湖笔）。

（2）渲染笔

以兼毫笔为宜。兼毫指中间为硬毫，外层为软毛（羊毛）的笔。北京制笔厂所生产的"大白云""中白云""小白云"即为兼毫笔。全为羊毛所制的渲染用笔，因为其无弹性，不太好用。

（3）板刷与排笔

重彩画绘制巨幅或稍大篇幅的作品时，需要用板刷与排笔。板刷为羊毛所制，其大小宽窄有多种型号。它可以涂刷大面积颜料，或为涂底子之用。

排笔是将数支羊毛笔联排放在一起固定制成，可以涂刷大面积颜料。作用与板刷相同。

（4）各类平头笔

各种型号的水彩画和水彩画用笔，即平头笔、扁形的笔。用于涂石色和水色稍大面积时可用此类笔，便于涂均匀。

8. 依托材料——纸

我认为中国重彩画的依托材料，或称基底材料，应当选用纸

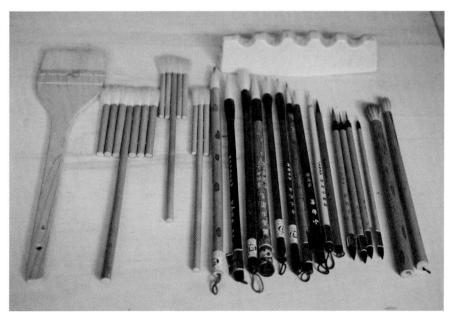

各种型号的笔

质材料而不是丝绢材料。因重彩画主要使用矿物质颜料，只有较厚的、纤维长的、结实的纸才能承受得住。例如日本画（重彩法）就特制较厚的麻纸来作依托材料，制麻纸的方法也是从中国传过去的。目前可供重彩画家们选择的依托材料——各类书画宣纸是多种多样的，足够重彩画家选用。丝绢质材料不太适合重彩画，因为其材质太薄，而且丝绢太光滑，是挂不住厚重的矿物颜料的，它只能承受很薄的矿物质颜料，实际上只适合画淡彩法的画。

因为重彩画虽然继承古壁画传统，但是大部分不再画在墙壁上，改以纸张为依托材料作为单幅画来表现。我从20世纪80年代起选择了一种有一面粗糙的皮纸作重彩画，此皮纸称温州皮纸（温州打字蜡纸厂生产）。据厂方介绍，此皮纸为当地所产的檀树皮所制，其纸浆保留檀树皮的长纤维，故较结实，经得起多层涂染，而且挂得住厚重的矿物颜料。我的使用方法是将较薄的温州皮纸在勾好墨线稿后，包括部分渲染水色之后，再托上两层厚宣纸，并且将

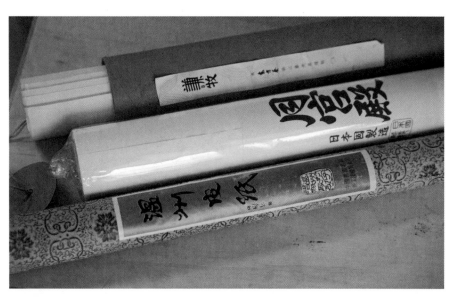

重彩画用纸

这三层纸裱在既定尺寸的画板上，待干透后才开始正式上石色和水色作画。画成后，因已在木板上留好加边框的尺寸，只要装框和加玻璃板（最好是用塑料板）就算装潢完毕，而不需要再将画另加以装裱。若再装裱，已完成画面上的色粉会掉下来。

我委托安徽泾县千年古宣宣纸厂制作的画重彩画的宣纸现在已生产出样品。温州皮纸厂也做出较厚和较大尺寸的皮纸，供重彩画家们选用。

现代重彩画发展几十年来，每位重彩画家都有不同的风格，并非一种纸适合所有的重彩画家。画家与各种宣纸厂都在试验和试制阶段，因此不能规定哪一种纸最适合重彩画。只能讲重彩画用纸需厚重、结实，纸面有细微的粗糙纹理等基本原则。

20世纪80年代开始，我国首都机场等场所的大型现代壁画都是画在裱好纸或麻布的木板上的，这样壁画便于绘制和保存，其方法正与现代重彩画的绘制方法相同。

中国画界有一种传统说法，就是"纸寿千年"。我们可以从故宫博物院看到已近千年的宋画。凡画在纸上的宋元作品，其纸上并无裂痕或完全断裂的损毁情况；可是画在绢或帛上的画其断裂情况比较严重，不过因多次补救，看上去还算完整而已。因此印证"纸寿千年"之说不是虚妄的。

第七章

重彩画的审美形式与技法

中国的色彩绘画，已有三千年以上的历史，至唐宋达到顶峰。元明清时代文人水墨画兴起，但"丹青""重彩"一脉并未中断。至近代，中国色彩绘画再度兴盛，并以唐代名称"重彩"重新命名。南齐谢赫的"六法"理论提出时，当时是多为色彩鲜有水墨的绘画时代，因此"六法"是主要指色彩绘画的初成体系的美学与技法的原则。今天重温谢赫的"六法"，它也是指导现代重彩画审美形式和技法的美学原则。

一、气韵生动

"气韵生动"应包括两个因素：一个是画家作画时的风貌神思，即精神与情感的因素；一个是指画家作画时能把握整体画面并从始至终贯通的技法因素。没有前者风神的统领，只靠技法和材料是不可能达到绘画的审美魅力的。

重彩画的制作过程比较长，大幅重彩画作品的制作是需数月或数年的时间才能完成的。所以画家饱满的创作激情必须从绘制的开始，经过漫长的过程一贯到底才行。这体现出画家对画面的全局掌控能力，随时注意局部与整体的关系。画面上生命的律动和情致是需要一气贯通的。相较水墨写意画，慢工细描的重彩画费时较长，要做到气韵生动是比较困难的。也正因为重彩画的这种难点，才更要有所追求，只要坚持画的每一笔色、每一处用笔、每一条线等因素都贯注生命血脉，时时刻刻不忘气韵生动，无论作画时间长短，最终画家的作品所体现的生命力才会饱满而生动。实际上，画家的众多作品就是画家的一段段生命的体现。能够驾驭全画是一种能力，这种能力只能在长期实践的过程中锻炼出来。

二、经营位置

经营位置在谢赫的"六法"中原来是排在第五位的，但过了数百年至唐代张彦远的《历代名画记》中讲："经营位置乃画之总要。"张彦远讲得正确，因为画家的构思是与他的构图同时出现的。构图应当作为形式美感来理解。如果有好的、新颖的构思与创意，但没有好的构图，新颖的形式美感就不能体现得很好。中国画是二维空间的绘画，西方称之为"平面构成"。我认为中国画的构图实际上也是平面构成，因此西方现代绘画平面构成的科学理论和规律是可以借鉴的。下面我将中西关于构图的主要论点作一介绍和比较：

中国画布局（章法）的名句：

1.空间营造、空间建势。

2.计白当黑、空白龙脉。

3.置陈布势、势态分布。

4.势态平衡、排刊有序。

5.密处求疏、疏处求密。

6.越藏越大、越露越小。

7.亦奇亦安、愈奇愈安。

8.以大观小、以静观动。

中国画传统布局还有关于山水画的"三远"说，即"高远""平远""深远"，也是十分重要的。

西方近现代的构图主要论点如下：

康定斯基提出的"点线面""黑白灰"已成为西方构图经典理论。关于现代"平面构成"的提法为：

1.对比关系

包括横与竖、大与小、黑与白、明与暗、强与弱的关系。

2.同一关系

对立统一关系是形式美感的基本法则，它包括下例：

（1）对称

（2）反复或重复

（3）渐变

3.节奏感

使画面具有规律性的美感。

4.韵律感

有多种多样，如渐变、起伏、旋转等。

5.均衡关系

指在特定范围内，使形式美感的各种要素之间达到平衡。

我对古今中外的构图学研究较少，只有些常识性了解。但我愿意尊奉叶浅予老师在20世纪60年代所提出的"吞吐古今、涉猎中外"的原则继续学习。

近期在"构图学"之外，我还提出"中国画图式学"。世界上各个国家和民族的不同画种确有不同的"图式"特点。我提出"中国画的图式"的一些特点，仅供参考：

1.空间

中国画满构图的画面较少，因为它不是三维空间，不是焦点透视，太满会感到不透气和不空灵。二维空间的中国画的空间主要是靠空白来体现，空白的面积要大，而且空间中要有多处小的空白来呼应。用黑色空间或他色亦为同样道理。

2.画幅尺寸比例

每个画种都有尺寸的比例约定，是由其多年传统形成的，中国画也不例外。中国画的现代图式主要为一个正方形，即斗方。传统的图式为两个正方形，如四尺、六尺、八尺、丈二匹等皆是（目前较大规模中国画展多规定为六尺整纸的尺寸）。另有二联画尺寸为2：2；三联画为中间1：2、两侧各为1：4；通景屏风有4条竖幅为1：4×4；8条屏风为1：4×8；12条屏风为1：4×12等。另有小圆光和扇面等图式。当然也不排斥根据制作内容需要创作新的图式。

3.线的造型

中国画以线的造型为主，也是由二维空间的画面所决定的，包括没骨画也是二维空间绘画。重彩画线造型的线为均匀线条，更趋向平面。

4.色彩

中国画的色彩趋向简之又简。中国重彩画以随类赋彩为原则，或以现代的"配色法"称之更为确切。其技法为单线平涂或勾填法，也是从二维空间的理念出发的。

5.装潢

以往画作完成后不论条幅或镜心都是要加裱绫边的，现在画幅无论大小都装框子，而框内都有卡纸边。二者目的都是为增加画面的空间感，尤其画面较满的画作其卡纸边尺寸还要加宽才好看。若不懂此理，将画面不加卡纸直接加框，使人有透不过气来之感。而且框边不宜过宽或太过华丽，因其易夺去画作之光彩。在日本，日本画有专门画框，油画有专门的画框，其风格绝不相同。中国原有的仿硬木画框比较合适。如选油画框也宜选择较窄、纹饰极简的为宜。

6.题字

中国宋代画作中无论工笔重彩或是水墨的画家题名字大多是藏而不露的，我很欣赏这种方式，因为这样不会破坏画面。重彩画是色彩绘画，它的画面已十分完整，只需简约地题上作者名字即可。

如必须题字也以少题字为宜，其字体也宜用齐整的篆书、隶书、正楷较好。

7.盖章

中国画盖章极有学问，画家可另作研究。重彩画应以一个适合画面的名章盖在画上。

三、随类赋彩

随类赋彩应当有两个解释：一是从美学角度来认识，即指画家主观情感方面的色彩；一是从艺术科学的角度来认识，即指画家观物取象而来的色彩。

下面试将中西双方的色彩学（艺术科学的彩色学）做一比较和尝试性的介绍。

西方色彩学常识：

西方色彩学是从光学出发，从光线通过三棱镜分出七色光为七种颜色：赤、橙、黄、绿、青、蓝、紫。由三原色制成的化学颜料可以调配出多种中间色，广为20世纪前的写实主义绘画所接受。

20世纪初出现的"色彩构成"的新理念，它是近现代西方绘画的色彩总结，实际上是"配色法"，是西方在传统的七色光和七种色的基础上，吸收和借鉴东方的色彩学而形成的新的色彩体系。这种体系也应用在绘画构图学方面形成的平面构成学科。最早有康定斯基的《点线面》一书，还有西方关于色彩学的"黑白灰"的提出。西方绘画史是很讲规律性的，规律就是科学。20世纪20年代徐悲鸿等人将西方的"造型学"（素描）、"艺用人体解剖学"、"透视学"、"色彩学"（现实主义的）引进中国现代美术专业院校，在近一百年的教学和创作实践中国画受益匪浅。若再引进西方的现代"色彩构成"和"平面构成"也会对中国绘画发展有所帮助。

东方色彩学常识：

东方绘画包括古中国、古波斯、古印度、古日本等国绘画，它们的古代壁画、细密画、墓室画、大和绘等都自成体系，应从它们的美学属性和机能性（科学性）两方面来做作深入的研究。由于本书是属于绘画材料技法方面的书籍，故只作后者的论述。

1.三原色、补色、七种基本色

先秦《考工记》记载青、赤、黄、白、黑五色为正色。秦汉时代又提出五间色为绿、红、碧、紫、骝黄。即五正色与五间色。

如果我们从现代的色彩观来看，将五种"正色"与当时和"正色"联系在一起的"五行"说分开，又将黑白二色不算色彩（黑白二色是心理学的色彩），就是"红、黄、蓝"三原色的现代艺术科学对色彩的论点。三原色亦可称之为基本色。如果我们从现代的艺术科学的色彩观来理解秦汉时代的"五间色"，发现其实"五间色"中包括了三补色：即绿（黄与蓝二原色合成）、紫（黄与红二原色合成）、骝黄（红与黄二原色合成）。从古代的正色和间色可以对应到现代的三原色和三补色。实际上从正五色和五间色中去掉黑白二色和红色正好是赤、橙、黄、绿、青、蓝、紫七种基本色，与现代三棱镜分出的七种色一致。这是中国古人的智慧，我们应当从朴素的艺术科学角度来认识。当然它们的提法还不够完整和严密，但古人色彩观与现代科学的色彩观很近似。

2.色彩的主从关系

清代画家邹一桂在他的著作《小山画谱》中谈设色法时提出："五彩彰施，必有主色，以一色为主，而他色附之。"画面色彩不必平均对待，应以一色为主色，其他为辅色。正如中药的方剂中有一种为"君药"，其他为"臣药"，药中的配方要有君臣关系，即主从关系。如果多种色平均罗列于画面上，全画色彩关系会乱套，形不成总色调。

3.色彩的对比关系

晋代画家顾恺之在《画云台山记》中将色彩归纳为三要素：色相、明度、彩度。在画面上应当有色相对比、明度对比、冷暖对比。

4.色彩在画面上的总色调

例如青绿山水画，是以青色和绿色这样的冷色为主要色调，辅以赭石等色形成冷暖色调的画。但是唐代李思训、李昭道父子独创的金碧山水是以金箔或泥金底作青绿山水画，是利用金色的暖色与青绿的冷色作强烈色彩对比，又形成另一类型的华丽冷艳的总色调，自成一格，以独特的色彩图式流传至今。

新疆的克孜尔石窟壁画为古龟兹遗存，其色彩大多以红与蓝两色的强烈对比色为主色调，其使用的朱砂和青金石的明度和彩度都很高，受印度佛教艺术影响较大。但到唐代的敦煌洞窟壁画中，其风格已受中原绘画的影响，色彩总色调趋向柔和。其壁画总色调是以赭石、白、石绿、朱砂和少量蓝铜矿为原料的石青等几种颜料（是故意使用不鲜明的石色，鲜明的石色只用在泥塑佛像上），使整幅壁画的明度和彩度降低，总色调已与克孜尔石窟壁画色调大不相同。

5.象征性色调

金色底：金箔贴成或泥金——金粉涂满地，例如近代任伯年的《群仙祝寿图》，是12条屏巨幅画作，全画为泥金底上以重彩技法完成。因其画的内容为仙境，故用金底以增加其神秘感。

黑底色：例如宋人小品画《子母鸡图》，用墨色底，突出了母鸡与小鸡的姿态和造型。

石青底：例如近代于非闇的《玉兰黄鹂》，石青的蓝色底色突显了春天的气息。

朱砂底：例如近代任伯年的《牡丹孔雀》（中国美术馆藏），他在朱砂色全底上做金粉小写意技法的描绘，描绘出孔雀高贵典雅的身姿。任伯年还有黑紫色底的6条幅用真金银粉绘制的小写意花鸟画，均藏于中国美术馆。

象征性底色的中国重彩画是对谢赫"随类赋彩"的一种主观情感色彩的诠释。笔者所做《金芭蕉》《银珊瑚》《木棉花开》《盛装苗女》《白孔雀》等也是对我国传统绘画图式与技法继承的实践。

6.色彩中的黑白灰关系

西方现代艺术中的黑白灰样式已被中国画家接受多年。在色彩绘画中并不多指这三种色本身，而是指画中应有最深的色、最浅的色和二色之间的中度深浅之色。当然画面上黑白灰三种色不必平均分配，最深色也不必是黑、最浅色也不必是白。中国的水墨画有"墨分五色"之说，实际上说的是"色阶"，"黑白灰"说的也是色阶。中国画家很易接受色阶的理论。

7.色彩的均衡关系

西方现代色彩学中的均衡关系也为中国画家接受多年，中国画的传统说法是"呼应"，也是指均衡关系。20世纪50年代，我听油画家董希文先生在讲色彩学时提到"斑点对称"，这是西方用语，也与中国画讲"呼应"是同一道理。

8.色彩的两种审美形式——错彩镂金与芙蓉出水

　　美学家宗白华先生在他的名著《美学散步》中提出"错彩镂金"的美和"芙蓉出水"的美。他认为这两种美感或美的理想，表现在诗歌、绘画、工艺美术等各个方面。宗先生将此二者定为中国美学史上两种不同的美感，而且提高到美的理想高度。他还说："两种美感，两种美的理想，在中国历史上一直贯穿下来，""先秦诸子所处的艺术环境是一个错彩镂金、雕缋满眼的世界。"

　　先秦至六朝的重彩画基本没保留下来，但我们从敦煌莫高窟北魏时期的壁画上可窥见一斑，例如《鹿王本生图》壁画的装饰风格极浓且色彩明丽（全画用土红为底），充分体现出错彩镂金和雕缋满眼的美感。唐代壁画仍有六朝遗风，当时西安有数百座寺庙道观，吴道子、王维等人都以画壁画为荣。宋代以后的壁画出现文人和画工分流的情况。近代敦煌莫高窟的发现改写了中国美术史。1940年，最早去敦煌考察和临摹古代壁画的张大千说："敦煌是大师的作品。"他是20世纪最早肯定"错彩镂金"艺术美感的现代画家。2003年我在香港云峰画廊见到张大千一幅六尺整张的重彩荷花图，其画为竖幅、金箔底，荷花用朱砂、荷叶用石绿，画面色彩金碧辉煌且绝无媚俗之感。

　　"芙蓉出水"一词出自李白的诗："清水出芙蓉，天然去雕饰。"它是指文艺作品要有清淡典雅之气韵，历代文人体系的画（包括水墨画和工笔重彩）以追求此类风格为终极目标。宗白华先生说："这两种美应'相济有功'，即形式的美与思想情感的表现结合。"重彩画家应当将"错彩镂金"与"芙蓉出水"这两种美感和美的理想融合在一起，或是两个审美体系互不排斥、互相取长补短，各自走向自己的终极目标。从而使古老的、有着3000多年历史且从未中断的中国重彩画，在伟大而多彩的现代重现辉煌，走向世界。

四、应物象形与骨法用笔

"应物象形"应解释为从生活中的实在形象出发来塑造画中的形象，反对主观臆造。当然这不是自然主义的意思，因为还有"骨法用笔"的提出。中国画从一开始就崇尚用线造型，现实生活中的人物、山水、花鸟等形体并不存在线，用线描塑造各种形体是一种艺术的抽象。世界上许多国家和民族的绘画中都有以线造型的，但都没有中国画这么系统性的，也没有中国画家对线的造型如此迷恋的，这也许与中国人的文字和书法有关。

从敦煌早期北魏、西魏、北周时期的壁画上，以及晋顾恺之的画上，我们所见到的作为造型基础的线描都是线条均匀的细线，都不约而同地在坚持"线不碍色"的原则，同时在设色的基础上是单线平涂，坚持的是"色不碍线"的原则。"勾填法"的设色规则出现也非偶然，正体现出"线不碍色、色不碍线"的法则。至元代的永乐宫三清殿壁画体现出的这种法则是最典范的，是非常美的。

五、传移摹写

我认为中国的画材学应当包括在"传移摹写法"之内，正如现代专业美术院校设置的课程：在临摹古代经典绘画的同时要教授中国传统的绘画画材，包括传统的石色和水色、纸绢依托材料以及传统画材使用技法等。传移摹写更重要的是使学员通过临摹了解古代经典绘画艺术特点、创作方式、形式美感（包括图式、色彩等）。对于传统绘画学习只靠阅读美术史和浏览图片是绝对不够的，因为绘画是一种技艺性很强的学科，必须要亲自动手来画，记忆很多微妙的、感性的内容，不动手是体验不到其妙处的。无论何种画种，其技艺中都含有不少工艺性、技巧性的东西，也可以说是一种工匠的技艺，当然需要"工匠精神"，并且需要长时间的实践和磨炼才能到达完美的境界。所以我的老师李可染先生说画家还需要"杂技演员的技巧"，即天天练和多实践的意思。

以上是我对传统经典"六法"的粗浅认识，于此求教于诸同行。

以下是我总结的重彩画绘画原则：

1.装饰性与绘画性相结合

重彩画是装饰性较强的画种，此特征在古典壁画上体现得最明显。但在纸绢本的工笔重彩画上则是体现装饰性与绘画性相结合比较多，而纸绢工笔重彩更合适表现古代现实主义题材，例如《韩熙载夜宴图》等，但却不适合表现现代公共艺术的大型作品。而古典壁画原本就是古代的公共艺术，例如寺庙道观、洞窟壁画的大型绘画。现代的展览会艺术也是公共艺术，展出的作品尺幅不小，古代纸绢上的小幅工笔重彩画又不适合现代的展览会，所以二者必须相结合才能完美。

2."随类赋彩"

谢赫的"六法"之一"随类赋彩"指导中国画发展已有1500多年，它已是经典法则之一。谢赫所生活的时代是工笔重彩画兴盛的时代，因此他提出的这一原则对今天的重彩画的指引更具深刻意义。"随类赋彩"从美学角度来看是主观感情色彩和客观物象色彩的结合，这给了中国画家很多自由，允许画家充分发挥自己的想象力，追求画面的象征性，表达一种浪漫主义。

3.薄中见厚

这是指画面上用矿物颜料的原则，也是传统的中国画关于用色的基本原则。重彩画因为是使用水胶调色，它不适合厚涂。古典技法不论画在墙壁上、纸绢上都是追求平面效果的，因此形成了单线平涂的技法。其实壁画上的石色只比纸绢上的石色稍微厚一点点而已。现代重彩画虽然吸收写意画"见笔"的技法，但仍是平面的效果居多。

4.善于运用配色法和色彩构成

古代中国画颜料品种较少，石色加水色总共只有十几种，但通过画家苦心经营画面的色彩关系，却会达到十分丰富的色彩效果，并不使人感觉单调，这也是中国画的魅力所在。其魅力正在于配色法。配色法并非凭空而来，首先它必须有民族审美的特点：例如龟兹壁画（克孜尔壁画）是由印度传来，常用强烈对比色，如红和蓝的对比。但在一些唐代的敦煌壁画上，色彩就柔和多了，是以绿、赭石、白加少量的红与蓝为主，正体现了中华民族审美追求中和谐、中庸的理念。

现在使用配色法要善于吸收现代西方的色彩构成。"以西润中"是古代中国画家已尝试过的，当然现代的画家更不会保守。现代西方的色彩构成讲均衡、对比、斑点对称等，其实中国画也讲这些规律，不过西方色彩构成讲的规律比我们更系统。正像中国画家在20世纪初学习西方造型学（素描等），因为它成体系，规律讲的明白，有指导作用，便于教学和学习。而我们如果只有"立七坐五盘三半""三停五眼"的简单规律，在实际使用时是不够的。

5.强调绘画性与表现性

重彩画如果只强调装饰性，容易变成装饰画，所以必须强调绘画表现的因素。古代壁画多为宗教题材，它们的内容与现实生活距离较远，因此我们不能直接照搬古代壁画的艺术形式和手段。

重彩画的绘画性可以概括为以下因素：

（1）虚实

绘画中的虚实是一个相对的概念，这是绘画艺术性的重要体现。从素描角度来看，可以有适当的、部分的光和影的处理。

（2）黑白灰

色彩绘画中也是有黑白灰关系的。色彩绘画中的最深色就相当于"黑"，最浅的色彩相当于"白"，中间色相当于"灰"。

（3）高调与低调

借用摄影技术的术语"高调"与"低调"更容易说明问题。绘画中的"高调"是指较浅或极浅的画面总色调。绘画中的"低调"是指画面总色调偏向深色。

6.创造性地运用技法

古人云："无法之法，乃为至法"，这是至理名言。传统绘画流传至今，我们现代人的思维理念和审美取向都和古人不同，虽然传统中优秀的东西必须继承，但为表现当代人的情感、风采及神韵，必须变法才能适应时代的变迁。但法之变不是为变而变。创作就是创造，作画的技法也需要创造性地运用。

7.注重图式与构图的研究

中国画绘画图式学是现在提出的新课题，而同类课题国外已有系统研究。中国画图式学当然应当有自己民族传统的特点，只可有部分借鉴不能照搬国外（实际上也未完全翻译过来）。我初步归纳和提出以下应当研究的重点：

（1）中国画的空间处理

传统中国画在构图上不是焦点透视，而是以散点透视为主，有时以多处空白来表现画面的空间。如"计白当黑"或山水画"三远"之法等传之久远的理论和图式规则都是自成体系的。

（2）特有图式

中国传统的绘画边框尺寸是有一定尺寸和比例的：例如常见的是以正方形为基本单元，边长是1∶1和2∶1的比例。另有斗方扇面、圆形等传统图式。

（3）画中造型要遵循"简之又简"和"损之又损"的原则

中国画中无论人物、花鸟、山水的造型都是简练的，以线为主的，造型体现了简约的艺术特征，包括工笔重彩和大写意在内。

（4）意象色彩与写实色彩并用

重彩画基本是以意象色彩为主的，以矿物颜料与这种意象色彩的观念相配合。矿物颜料石青、石绿、朱砂、雄黄不能以西方的红黄蓝三原色来看待，因为它们各自有其独立的审美价值。它们每一种色都不是纯红、纯蓝、纯绿、纯黄，是自然生成之色，其色本身是属于概念之色，而且是无可替代的。如果将这几种石色在画面上运用得当，就能传达出画家所要表现的意象。这几种石色一般是不调合使用的，并非考虑它们的化学性质不同而易起变化，主要是要保留它们各自材质的独特审美价值。

现代重彩画也可以吸收西方的调色法以达到写实的准确性，例如人的面部色彩是非常丰富的，又多用水色，当然可以调配色彩以达到男女老少千人千面的生动效果。

重彩画作画与一般中国画（主要指水墨画）步骤不同，重彩画作画费时较多，又是多遍渲染，用纸较厚，不先裱好画纸是不行的。因其使用矿物颜料较多，不便在画案上画成再托裱，而是托裱后再画，目的是使石色不脱落。画成后直接加卡纸边和画框、玻璃板或有机玻璃板即装裱完成。

以下是我总结的重彩画作画步骤：

1.筹备画稿的背板

重彩画定稿后，要量好尺寸并在四周加出卡纸边框的尺寸，一般视画幅大小，预留5厘米至10厘米。背板为画稿加卡纸尺寸，向画框厂定制合适的尺寸，作画时颜料不要突破画稿尺寸，卡纸位置留白不能侵占，以便装卡纸和画框。背板为木质，先做画框框架，然后两面均钉三合板。目的是为背板不会翘起，保持平整。重彩画因石色较厚不宜卷起保存，最好装在框内收藏。

2.选择绘画用纸

重彩画因用矿物颜料多而且较厚，一般的熟宣纸和绢都已不能承受。现代日本画也是重彩画，他们选择的麻纸因纤维长而比较结实，也比较厚，所以适合矿物颜料涂染。现在中国不少纸也适合画重彩，如各类皮纸（云龙纸等），可根据画家个人习惯自行选用。

我喜欢使用温州皮纸是因为它属于生纸，生纸洇和渗的效果可以保留一些水墨画水渍的韵味。现代日本画都涂底色（蛤粉或其他粉质颜料），涂完底色就变成熟纸了。现代中国工笔重彩画借鉴现代日本画较多，但如果全面接受日本画技法就没有中国画特点了。为了与日本画拉开距离，我选择了生纸，而且不涂底色，并且绝不在皮纸上涂胶矾水。有些需要涂石色底色的画，我是在画面主色完成后才涂的。

3.勾线

在较生的皮纸上勾勒墨线要注意：一定要用墨锭在砚池中研的焦墨，不能用墨汁或淡墨。因为用墨汁或淡墨在以后的渲染或涂色时，墨线易洇开。

如果画面装饰性强可以勾勒粗一些的墨线；如果画面绘画性强

可以勾勒细一些的墨线。

如果不用生纸而是用粉质颜料或胶矾水涂底，或是用金属箔贴底，勾勒墨线或勾勒颜色线时可不用画生纸要求的方法，如在金属箔上勾墨线应先在箔上涂一层稀胶水才能勾得上去。

4.上色

重彩画是以石色颜料为主的，但也需要与水色等颜料配合使用。传统的中国古代壁画和纸绢上的工笔重彩画也都并非全用石色，而是石色（不透明的粉质颜料）、水色（透明的颜料）、稀释的石色（半透明颜料）三种不同质感的颜料交错地在画面上使用，这样会形成画面的丰富感。如果用水色做底，处理成略有光感的画面，画中造型用石色，会形成虚实对比的美感，效果亦很好。

（1）渲染法

重彩画开始时，要将透明水色部分先大体画好，例如画中人的面部或花朵、叶子需渲染出结构的部分。同时还要将石色的同类色底色也画出来，这样就可以呈现出全画的整体色调来。

透明水色也可以做底色，要事先调好所需要之色。叮以用水彩色，因其色品种多，便于调配。其原则为调配成各类灰色调，色彩不能鲜艳或太纯，否则会影响全画色调。石色并非纯色，只有灰一些的背景色才会衬托出石色之美。但注意水色做底时，要空出画面中人面部皮肤部分、花朵部分等，以免这部分色彩受影响。

（2）平涂法

传统用石色的办法是"单线平涂"。重彩画中的线已经有装饰意味了，因为生活中被描绘的对象并不存在线，中国画中的线是对物象本身的抽象，或可以说是一种艺术的升华。平涂石色也是对所描绘对象的抽象和艺术的升华，勾线与平涂二者是统一的，相辅相成。勾线勾好不易，石色平涂好也不易。我的老师告诉我：要平涂石色很均匀应"走十字"。"走十字"就是先横涂二或三笔，再竖涂二或三笔，如此往复接着涂。注意横、竖涂时不要再蘸色。因为北方空气干燥，可以在涂大片时，先薄薄涂上些清水，待清水半干时再涂，效果会更好。

"单线平涂"法有一种装饰美感，不要将此法看得简单。现代重彩法也借鉴写意笔法，石色也可以有涂、染、皴、擦的笔法，但不能太过分，避免破坏线条美感，也不宜过于追求立体感。

皮纸有渗水性，且用的是粗糙面，石色涂上去更牢固，且易涂均匀。

（3）勾填法

画面装饰性强的适合用传统的勾填法用色。例如典型的元代永乐宫三清殿壁画，其主要用石色的画面全为勾填法。勾填法是在勾勒好的墨线之内，用毛笔蘸好石色，十分仔细地沿墨线涂色，要绝对不碰墨线。为做到色不碰墨线，甚至可以使色与墨线保持一根棉线的距离。因为墨线是精心勾勒的，线本身很贯气，如果石色碰到墨线就会破坏墨线，而复勾墨线也做不到原来墨线神韵的效果。石色是有覆盖力的，石色碰到墨线会遮盖掉部分墨线，所以涂石色时一定要很认真，甚至要与勾墨线时一样一丝不苟才好。在墨线内涂石色，可以先沿墨线用石色勾勒出一圈范围，然后在此范围内再平涂石色，这就不会以色伤线了。

以下我结合一些作品，具体讲解技法及画材的运用：

1.重彩人物画类

《金秋》

云南省路南县石林风景区是我1977年秋去过的撒尼人（彝族一支）聚居区，我是受到黄永玉先生在20世纪50年代所创作《阿诗

金秋
蒋采蘋
170cm×91cm
1991年

玛》长诗插图的启发选定了去此处采风的。这一美丽的传说让我向往了20多年，1977年之后，我去过撒尼人地区多次，美丽的阿诗玛姑娘的石像就伫立在奇妙的石林里。

1982年我画的《摘大把果的姑娘》被中国美术馆收藏。1991年我又画了《金秋》，这是我心目中的现代"阿诗玛"，是由1980年我在路南县的一幅写生稿加工而成。我很喜欢撒尼人的姑娘和小伙子，他们生性活泼开朗、能歌善舞，20世纪50年代一首撒尼歌曲《远方的客人请你留下来》轰动歌坛。四季如春的气候、夏季的大片荷塘、奇特的石材成林的地貌、斗牛摔跤的激烈场面、手绣的头饰和长穗的花包等，撒尼人生活在艺术的天地里，教人如何不想念啊！写生有时候就是创作，几乎不用太多加工。我当时在一玉米仓库里写生，盛装的撒尼姑娘用手扶住玉米垛，自然天成地形成了这幅画面。

此作品技法与画材

（1）我将此画场景设定在夜晚的天空下，墨色的夜空增加了温润和神秘感，盛装的撒尼姑娘在等待什么？让观众去遐想。墨色是在潮湿的温州皮纸上多次喷成的。注意要墨色干透后再喷。

（2）勾勒的焦墨线应当不粗不细。此画有绘画性与装饰性相结合的美感，其装饰美应当服从真实环境。单个玉米的造型是一种整齐的美，但缠绕在杆子上的玉米垛错落有致又是一种真实的美，其疏密线条的排列组合浑然天成。把生活升华为艺术并不很难，但一定要深入研究生活。

（3）面部渲染很重要。主要是深入刻画神态，要以形写神，形神兼备。面部肌肉很多也很复杂，只找与神态有关之处来渲染，无关之处尽量省略。眉眼与嘴是可活动的部位，要画准，鼻子在面部是最高点，要减弱，因为它的表情很少。一定要减掉光线只画结构。在潮湿的生纸上只用一支色笔根据面部结构画上去，不用清水笔再渲染，效果比较自然。注意用色笔时要有轻重虚实，有点写意的味道。人手也以此法来画。

（4）画中白色长袍不是平涂，而是在渲染衣褶和身体大结构后，用蛤粉以写意笔法染高的地方，空出低处衣褶部分，此处可透出一些自然底色。还有袖口的石绿色是在原来平涂的粉红色底色上用写意笔法画上去，空出一些底色，虽不是按光影来画，但能与白色长袍相对应和统一。黑色长裙基本是平涂画法，黑色不宜表现太具体或有立体感，以免过于突出。

（5）画中玉米垛花费时间较久，因为需一颗颗玉米粒来点画。我为表现玉米粒的微凸的质感，选用了进口丙烯色的铬黄等。此处我点染了三遍，第一遍用国产水粉色，因感到质感不强再改用丙烯色，两遍丙烯色干后，玉米粒中间凹下去一些，效果更像玉米粒干燥后中间凹陷的真实状态。玉米的黄色并非一种，要调成彼此接近的中黄色，使玉米整体有些变色，这也是符合真实情况的。需要注意的是玉米粒又不能表现得太凸出，那会破坏中国画的二维空间的艺术特点。

（6）衣服上的装饰纹样，包括民族样式的挎包纹饰都是平涂的各种色，只有挎包下面的长红穗是先用水色（红色）渲染，并要染出穗形，目的是使画面上有些虚实对比，另外也使后画的朱砂色不太突出。画面有些微妙的写意效果，其特点就是使画面中有些虚的表现，增加些绘画因素，以避免画面刻板，也可以更好表现夜色。20世纪80年代至90年代，准确地讲我的画属于工笔重彩，略有一些小写意特点。21世纪开始，我向重彩画、古代壁画艺术以及装饰性、平面构成性等方向发展和探索得更多。

《鄂尔多斯迎宾》

2011年夏，由人民美术出版社组织一批画家赴鄂尔多斯采风，当时正值那达慕民族节日大会期间，我们参加了不少城市和牧区的活动。那天我们刚观看了一场大型演出，是在大剧场内，演出阵容强大，布景服装极为华丽。在走出大剧场经过一处走廊时，我忽然发现一组服装简单、比较质朴的演出队员在候场。我立即被他们吸引，匆忙拍了一些照片，他们大概都是牧民业余演员，被拍时有些羞涩，但十分可爱。回北京后我开始起草创作内蒙古牧民的题材，那些灯光耀眼的场面和服装极为豪华的漂亮演员们一一都从我的回忆中淡出，唯有那几位候场的衣着朴素和乐器简单的业余演员在记忆中愈来愈清晰。当时他们把蓝色哈达献给我们，这是最高的礼遇，令我非常感动。最终我选定了鄂尔多斯一中年男牧民和一年轻女牧民伸开他们的双手、向来宾敬献蓝哈达的令人难忘的瞬间做题材。

此作品技法与画材

（1）构图

我选择简之又简的双人在草原上献哈达的画面。原设计的草原绿草地以及许多小黄花和白色帐篷都被我删掉，连草也不需要画了，只用了背景平涂一片石绿色就够了。

画家应当在草图上多花点时间，小草图阶段是构思深化的重要阶段，不能浅尝即止。构图不单单是解决形式美感问题，而是创作构思与形式美同步进行的，没有构思的一步步深入，新颖的形式美也出不来，二者相辅相成。形式美感是一个由繁至简、损之又损的过程。

鄂尔多斯迎宾
蒋采蘋
170cm×96cm
2012 年

（2）定稿与白描

20世纪50年代至60年代，我曾两次去永乐宫临摹壁画共6个月，还有大学期间的写生白描课，使我能将古典白描的装饰美和写生中造型的质感、量感、空间感的真实的美结合在一起。此画中二人有很具象的线描造型，色彩是平涂法，整体线加色的造型也主要是以写实的美感为主，所以效果当然是写实美与装饰美两种美感的统一。线条是造型的一种抽象美，也是装饰美，线条在真实的造型上并不存在，它是对造型的概括和提炼。概括和提炼本身就是艺术对生活的加工。定稿最好选用素描纸与铅笔便于修改。

（3）基底画材与拷贝正稿

基底画材我选用的是温州皮纸，此皮纸虽薄但较结实，而且拷贝正稿时很清楚，不必使用拷贝台。可以用较软的2B铅笔在皮纸上拷贝，如用HB的铅笔易划破皮纸。拷贝时要十分认真，如发现有局部不完美的地方还可以修改。

（4）落墨

指用焦墨勾勒墨线。此画装饰风略强，宜用稍粗一些的墨线，而且最好是用线条均匀的铁线描。不宜用线条变化较多的线条，如钉头鼠尾描或折芦描之类，因为重彩画是以色彩为主的画，与水墨画主要用墨色很不同，不能让墨线太突出而使色彩减弱。因蒙古族的大袍子多用厚重织物制成，不宜用高古游丝描或春蚕吐丝描这样细弱的线，只有铁线描这种如铁线般刚劲的线描才合适。即使用铁线描也不宜线条过细，尤其是大幅更应墨线粗一些，不然就会像没骨画了。

（5）渲染面孔和服装

画颜色时要先画面部，要先渲染头发、眉毛、眼眶和眼睫毛等墨色处，画男性还要先画胡须。但面部用墨色处不宜一次到位，先画到七八成墨色即可。最后根据全画的墨色情况再将面部墨色补完。因为画中衣饰等方面还有黑色，尚需做全面比较后才能定出什么地方最黑，什么地方次黑，什么地方又次黑……我画头发是线面结合画法，不必如古代那种一根根平行去勾线的画法。古代人物男女都为长发，并以整齐为美，所以适合用平行勾线法。现代人男女发式多为自然美感，且发式多变，用平行勾线法是不合适的。只能根据所描绘对象的具体发型而采用线面结合、虚实结合等方法。

渲染人物脸颊是全画关键。我是用毡子铺在皮纸后边，在人物面部及周边先喷点清水，待稍半干后才渲染。我的方法是只用一支色笔（中白云笔或小白云笔）在半干的皮纸上画结构，因纸有点湿，故颜色笔痕会自然洇开，因此不需用水笔去渲染了。此法比两支笔去渲染方便多了，而且显得自然。最好不是一次画成，先用色浅一点，待干后再决定是否再加深。生纸上色湿时色较深，干时变浅不少，不宜一次画准确。

因服装用石色，所以深色服装都要先打底色。底色用水色。画中女性朱砂色长袍用曙红打底，还是先喷清水，待半干用大笔涂水色，这样容易匀，男性服装大袍为深蓝绿色，可以用同类色调出的水色打底。两条石青色哈达用浅蓝色水色打底，背景石绿色要用偏冷一些的水色打底。打底色完毕全画的基本色调就出来了，这时就基本掌握了此画色彩的全局。

在全画色调显现之后就可涂面部基本肤色，传统称罩染。画中男女性二人肤色不同，要调好两种肤色，要用蛤粉或用水粉色钛白，加水色赭石为主，大红和群青、草绿少许调和。两种肤色都要先在小块皮纸上试一二笔，待干后觉得色彩合适再上到画上，如不合适还要重调到合适为止。此步骤需在面部结构已全部渲染到位后才能进行。

（6）裱板子上画

一种是在皮纸上拷贝完铅笔稿后即将皮纸后背裱上二层宣纸，趁湿绷在板子上，待干后平整再开始勾墨线。一种是拷贝完铅笔稿后，在勾完墨线和渲染完水色之后在后背上板子。后一种一般是小画；前一种一般指大型画（4尺或6尺整纸）

（7）上石色

这是最重要的阶段。石色是晶体矿石所制，它虽已被制成极细的粉末，但晶体闪光不变。尽管看不出它在闪光，但仍使画上的石色总体明亮，还是一种很含蓄的明亮，而且永不变色，其色质、色感、色相高于其他颜色的效果。几千年来中外画家钟爱石色，将它视为最名贵之色。中国人将石色用于宗教绘画，其他国家画家将石色用于圣像上。画面中鄂尔多斯女性红袍用了朱砂色，朱砂色可能质感比石青石绿稍轻，所以朱砂粉加胶涂在画面上比较容易匀。只要认真地以走十字法行笔，用大或中白云笔即可。在熟纸上一般朱砂要涂两遍，但在皮纸上（生纸上）只涂一遍即可。可能是生纸吸附力强，朱砂色上去后较牢固，也易均匀，所以多年来我都选择用生纸画重彩画。

画中男性的蒙古大袍是选用了一种深墨绿色又偏蓝一些的石色。只有此稍灰一些的石色，又偏深，才能将旁边朱砂色袍映衬得非常美，这是一种中间色的美。如果用一种鲜亮的石青，两种主色会互相冲突，谁都显不出美了，这就是色彩的对比与衬托。

背景我选择的是一种较灰的石绿色，涂大片石绿色时要注意不要破坏二位立体人物的边界线。可用小排笔（羊毫笔）来涂大片，可以稍快一些。在皮纸上也最好是先喷清水，待半干再涂易均匀，争取一次涂完。

（8）画衣饰纹样

衣饰纹样中先考虑的色彩关系，造型不宜过于细碎。画中二人帽子边、衣服边饰、靴子等处皆有墨色。其次要有白色，如女性的衣袖、头饰的珠串等都是白色的。如此一来全画的黑白灰关系就有了。

女性头饰上的珠串用进口丙烯白云母色（国外称干涉色），此处为全画亮点，要格外仔细，用最小号的大狼圭（长度小于1厘米）直接从丙烯白云母色的颜料管口处挑出颜料来，点到画上有珠饰的圆珠处，使此圆点略有凸感，效果是既圆又亮，与真实的珠子很接近。

我选择了简练的衣服边饰，因为蒙古族普通女性的正式服装纹样并不繁密，而简练的纹饰更能凸显人物的面部神情。

这种费时费工的重彩画一定要在画每一个局部时，掌握整体画面的气韵生动，不然极易画刻板。

《侗妹》

《侗妹》是我1987年的作品，那时我只是在温州皮纸上画工笔重彩，应当是一幅工笔与水墨相结合的画。但因其技法有特点，特此介绍一下。1987年我曾赴广西三江侗族地区采风，那时当地侗族妇女平时还穿着自己纺织、土机子织布、靛蓝染色、手工绣花的服装，民风淳朴，还都住在传统的有吊脚楼的木屋里。当时，是由一位侗族女画家带我们去她家乡的村子里，因此可以画到几位侗族妇女的写生人像。更重要的是正赶上侗族的"三月三"情人节，其实

侗妹
蒋采蘋
90cm × 90cm
1987 年

"三月三"是保留了汉族古代的情人节习俗。侗族特有的分部的无伴奏合唱、盛装的侗族青年男女一对对地走向树林深处……多么美好的夜晚。《侗妹》是我创作大幅《三月三之夜》一画的试作。

此作品技法与画材

（1）准备工作

此画是水墨与工笔的结合，故只准备一般的画板和画架。勾勒墨线后，将皮纸下垫上画毡。准备两个小喷水壶，最好是水雾较细的那种。再准备好油烟或漆烟的墨锭和砚台。因墨锭研出的墨汁墨分子很细润，墨汁墨分子太粗不适合画工笔。砚台必须每日清洗，宿墨会不细润。

（2）先画面部

我在生纸上作画离不开清水喷壶，因为皮纸还不够生，且容易留色渍或墨渍。在生纸上工笔渲染不能有痕迹才好。有时不太注意有了水渍，只要喷点清水上去，立刻散开。当然此画头发上也有淡墨的水渍，如发髻部分，那是故意留下的痕迹，这样比较生动。什么技法都不是死的或固定不变的，要灵活运用。

画中人物面部是亮点，其神情更是亮点中的亮点，刻画时一定要全神贯注，情之所至效果可能会超过定稿。在生纸上作画，勾勒墨线时一定要用研磨墨锭的墨汁勾勒焦墨线，这样墨线不会渗开，以便多次渲染。头发也用墨色，先勾勒出头发的大结构，根据写生时的直观感受，不要一根根的古典式的平行画法，那样很不像现代人的比较自然的发型结构。我是点线结合画法，即有勾有染，根据头发的自然形态来画。眉毛和眼睛是最传神之处，就是差一根棉线那样粗细的细微差别也会导致神情不对的。

（3）墨色衣服与墨色背景同步进行

既然是水墨与工笔结合，而且是以水墨为主色调，所以此画墨色十分重要。人物衣裙都是黑色，需要用墨色来画，但不是写意水墨的处处见笔的技法，而是工笔的渲染墨色的方法，不要露笔痕。因此在画衣裙时要先喷清水，待稍干后上墨色，用大只羊毫笔，从中间画起，然后墨色自然洇开大致不出边界线。如果此处需要虚一些，也可以墨色水分大一点，即使墨色越过边界线也很好看。

背景墨色并非一次完成，第一层要浅一些，人物全身四周空出白色虚边来，形成似是而非的空间。为避免白色虚边太整齐，可以用一块硬纸板遮挡人物造型部分，但执硬纸板的左手要不断地轻轻晃动，才能形成自然虚边。背景的墨色由加入浅墨色的喷壶喷出的细雾形成，一般需喷二三遍方可。简称是"喷水喷色法"。此法效果介于工笔和水墨之间。

（4）描绘衣服装饰图案

勾勒白描时就将衣服上纹样用很细的焦墨线勾出，最后以朱砂和石绿为主色上色，上色时用勾填法，避开墨线，因石色会遮盖墨线，如果复勾就丧失原来墨线的韵味了。工笔上色的用笔也非机械式的，虽然是平涂，但也有其生动之处。上色时不能喷水，一定要在皮纸十分干燥时才能画，避免色洇开。如果喷水上墨色衣裙时，有墨色侵入纹样，也不必去改正，继续上石色，这样也会生动。

《雾中苗女》

苗族是人数较多的一个民族，也是历史比较悠久的一个民族。我曾去湖南、广西、贵州、海南岛等地的苗族地区采风和写生。各地的苗族虽是同宗，但服饰差别却很大，尤其贵州苗族的绣花与银头饰最有特点。他们服饰色彩的特点是以红黑银三色为主色。画苗族的画家很多，他们作的画多以黑红为主色调。苗族大多生活在山

雾中苗女
蒋采蘋
170cm × 87cm
2001 年

区，而山区常常有雾。我想如果画雾中的苗女肯定服饰色调就与平日不一样了。"随类赋彩"的原则让我在处理画面色调的构思上可以自由驰骋，于是我画了雾中的苗女，用浅石青色为主色调。真实的有浓雾的天气，人们视觉上全都成了灰蒙蒙的一片。我全画用数种浅石青色组合，全画为浅蓝灰色，当然不是真实的有雾时的色彩，正是这种不似之似，才是艺术上的真实。

此作品技法与画材

（1）定制画板

确定了六尺整纸的规格，即纵200厘米，横100厘米，加上四周留边各10厘米，画板为纵220厘米，横120厘米。

（2）铅笔

用2B或3B铅笔在素描纸上画稿。此正稿是依据无数小稿、中稿修改后而成定稿。用线造型，面部要有结构关系。还要有小色彩稿。

（3）过稿和勾墨线

选用温州皮纸，即画作的基底画材覆盖在铅笔定稿上拷贝。用皮纸的背面，即粗糙的那一面，不用正面光滑的那一面。因为粗糙画面勾勒出的墨线会自然一些，略带一点点飞白。而光滑面勾勒出的墨线会太光滑，无涩感，也无力度。墨线的精细要适度而均匀，过细上色后会成没骨画；过粗会成为纯装饰画，都不可取。

（4）上色

确定全画为浅蓝色调，先将衣裙用四青色上色，背景用五青色，当用不太明亮的石青色为宜。其他局部花纹图案小面积色，可以在主色画完后再选择或调配不迟。石青色必须有花青水色打底，因皮纸较生用排笔刷会不匀，还是应当在清水喷湿皮纸后，用浅花青水色装入小喷壶中喷到皮纸上才十分均匀。但喷花青时要将人物面部和手遮住，避免浅蓝色侵入以致画面人物以后的肤色不纯净。

此画装饰意味较浓，故采取平涂石青色技法比较合适。我近十年的各种画作不论人物或花卉都喜欢用传统的"单线平涂"技法。年轻时素描学得多，总习惯写实性的美感，对线条和色彩的装饰美不太敏感。经多年实践后，我认识到工笔重彩画是一种装饰美与写实美两种美相结合的艺术。线条在各种真实的形体上是不存在的，它是一种对实体的抽象，是一种抽象的美。而中国画的色彩也不追求实体的真实的美，它追求的是一种主观的和情感上的美。古代只有十几种的石色和水色，但能画出多种色调的画，并不感到单调。古代"六法"中的"骨法用笔"和"随类赋彩"就够我们体会一辈子了。

画脸要去掉光线只看结构并不容易，光线是一种存在，必定会影响画家的观察和表现。只要随时从全画出发，面孔就不会画得太过立体了。我们画的是没有化妆的苗族女性的面孔，应当追求自然肤色，最亮的肤色也只能用赭石，还得加少许群青（暖蓝色）才好。朱磦色是决不能用的。双颊的红晕最好用冷红色（西洋红等），大红、朱红也决不能用。

苗族妇女的银饰最好选用白云母色，不能用银箔或银粉，因为真银箔和真银粉都是不稳定的金属，容易在空气中变色。而白云母也是天然矿石但在空气中不易变色，它是一种比银色还亮的银白色。真银色在不同光线和角度时看还有变化，而白云母在不同光线和角度时看是没有变化的。白云母在银器上的用笔还是平涂为好，这样与衣服图案的平涂也协调。

"单线平涂"的艺术手法千万不要以为是一种简单技法，实际上它是一种很丰富的艺术技巧。自古至今这种带有装饰美感的技巧，感染了众多画家与观众，敦煌壁画就是一例。

《阿里山子民》

阿里山是象征台湾岛的名山，在阿里山上生活着许多居民。1996年夏，我游览阿里山时深深地为其秀丽的湖山所倾倒，"宝岛"之称名不虚传。台湾岛上的居民很多已现代化，只能在民族村或书籍上见到他们的原貌了。但我们愿意寻根溯源来用绘画形式表现他们100年前的风采。当然在他们的传统节日里，仍有当年的习俗和服饰出现，使我们为之心动。

我在博物馆里看到在台湾岛已绝迹的云豹的模型，又在书上看到阿里山居民在婚礼和节日上男性着云豹背心的雄姿。我就这样画出了《阿里山子民》的男性猎手着云豹背心的英姿勃发的形象。台湾岛居民曾奋起反抗日本侵略，虽败犹荣。我想表现的阿里山的猎手为战士的形象风貌。他的帽子上的羽毛（海岛居民特有的装饰）是向后倾斜的，与岛上另一居民群体的向上竖起的羽冠又不相同（阿美人有向上羽冠，类似美洲印第安的羽冠，我在《阿美人旗手》另有表现）。

此作品技法与画材

（1）这幅画作于1997年，基本上算是一幅工笔重彩画，只有背景是涂的石色石墨，也算是重彩画。阿里山男青年着云豹背心，只能用工笔画的"丝毛"技法。"丝毛"技法是采用了刘奎龄老先生在半生纸（煮硾纸）上，用拧散笔毛的较写意的手法，效果比较自然，并非是用细笔一根一根地画出。尽人皆知刘老先生画动物是当时一流的，极有特色，我曾于1958年冬去天津拜访过他，他为我这个"后进生"当场表演用拧散的笔毛如何"丝毛"。那时他画的是

阿里山子民
蒋采蘋
67cm × 67cm
1997 年

一只野兔，直到近30年后的1997年我才用上了这一笔法，此法较适合描绘云豹皮毛。

（2）刻画人物面部为主

此画仍选用温州皮纸为基底画纸，用半干的湿画法来渲染人物面部和手。温州皮纸与刘老先生选用煮硾纸都是半生的纸，它们的性质接近。不过我与刘老先生不同的是我是湿画法，而刘老先生用煮硾纸是干画法，我还要在温州皮纸上喷清水，待半干时才动笔；刘老先生并不喷水。温州皮纸易出现墨痕与色痕，所以只能采取湿画法，如此没有生硬的痕迹。画中男青年的眉眼宜用墨色渲染，面部结构宜用熟褐水色渲染，而且嘴唇宜用赭石水色或略加一些红色水色。我画人物的面部是将五官仔细刻画，其他结构减弱，如面部大的体积感应当有描绘，但是要降低色彩关系，与写实的素描表现不同。人的五官要以表现神韵为主，影响表情和神韵的应当大胆删除。要做到形神兼备很不容易。

（3）云豹皮背心的画法

云豹是稀有豹种，与一般豹身上较平均的椭圆形的斑点大不相同，它的斑纹也很美，斑块较大，用文字是说不明白的，只好请大家看图了。云豹是亚热带动物，目前在中国台湾是绝迹了，但我在电视上看介绍东南亚国家动物节目时，真看到了有生活在林中的尚存的云豹，我太兴奋了，只为云豹我都愿意画这幅《阿里山子民》。画云豹皮是用写生法，参考图片，但不必画得太细，因为它处画中次要位置，处主要位置的还是人物。先将云豹斑纹用淡彩水色将轮廓包括背心轮廓染出，并将轮廓处理成虚边，以体现其毛茸茸的质感。要注意豹皮斑纹色泽不同，要用不同水色染出，如只将皮纸喷湿再染则虚边会自然形成。稍干后，可用不同的色相调成有粉质的颜料，用拧开的笔毛和勾线笔蘸色去"丝毛"，这是用工笔加小写意笔法去"丝毛"。因豹的皮毛在不同部分有长有短、有疏有密，不同的笔法会在画面上形成不同的效果，最终成为丰富而真实的结果。

（4）帽和羽饰

皮帽、红白珠饰、后插之长羽毛用石色或粉质颜料。因背景为石色石墨，为有覆盖力的粉质颜料，前面的头饰为水色不会凸显出来，而被发亮的石墨吃掉。画中男青年黑色衣袖也应当用水粉黑色，因其为碳分子所制有覆盖力。帽饰多根羽毛不必"丝毛"，因其为长形鸟尾，造型整齐，只用色彩平涂画出即可。

（5）石墨背景

石墨的化学成分亦为碳，其色相为深银灰色，有微闪光感。以它做背景是比较合适的。作为背景用浅墨色打底或不打底均可，调胶后的石墨粉有点泥土感，也与蛤粉调胶后的感觉类似。此画背景虽为平涂石墨，但并未追求十分均匀，涂时可以用笔随意些，因此干后形成一些肌理，但不宜太多肌理，基本用笔以画出竖条状较好（不明显的竖条）。

（6）加强人物造型与神态

因为背心的豹皮花纹和背景的重彩石色在画面上都很强烈，容易减弱人物表情与结构，所以检查画面后要做些调整。因为人的面部经过多次的渲染和晕染，生纸已变成熟纸了，所以可以用两支笔，一支色笔和一支清水笔在已画成的面部上调整。当然修改时要非常谨慎，只强调眉、眼、嘴表现神态的部分，看准了，只有较大毛病之处稍改一改，其他尽量不改。

云豹皮背心如果斑纹过于清楚，可以用赭石或熟褐水色轻轻罩上一些，可局部罩染，使其稍微模糊一些就成，不宜大动。

《排湾族新娘》

中国的台湾岛我去过多次，我对岛上的少数民族和风景都很有兴趣。1996年第一次去时，在参观了民族村同时浏览了一些有关资料后，我决心表现这些岛上居民。他们大多数身形较高，五官特征是眼睛大、额头略高，总体来讲长相是很漂亮的，而且他们的服饰也很有特色。排湾人的婚礼是新娘坐在藤椅上被抬着去婆家的，而且新娘戴着高高的银冠和披肩银饰，还有在服饰上手绣的纹样，非常独特。因此决定画此画，取名《排湾族新娘》。

画面采用背景为抽象的墨色（水色），以衬托前面人物的重彩（石色）。墨色是为了表现有些空间感，但删掉具体的空间。中国画的空间表现不论"计白当黑"或"计黑当白"都是可以的。画面无背景会更加凸显所表现的人物，而背景应有的婚礼的热闹场面留给观者去想象了，正如中国戏曲也是以抽象背景来凸显戏中人物的表演。

我没有表现新娘喜悦和娇羞的表情，而表现了她回眸再望家乡一眼时的不忍离去之情。她的冠饰上有不少兽牙，披肩和衣饰上有许多贝壳打磨的小白色珠子，只有海岛居民才有的饰物，很吸引人。

我在20世纪80年代至90年代喜欢在生纸上做有些中国笔墨韵味的重彩艺术表现，其目的是追求工写结合，也是为了与现代日本画拉开距离。当时在改革开放形势下，日本现代画家东山魁夷、杉山宁、高山辰雄、平山郁夫、加山又造的作品和日本美人画在中国画界有不小的影响。现代日本画家大都在画前涂粉质颜料底子，如果中国画家也这样做，就很容易像日本画。因此我就不涂蛤粉底子，试验中国味儿更强的表现技法。

此作品技法与画材

（1）定稿是用铅笔画在素描纸上的，经过多次的修改，直到自认为比较完美时才拷贝到温州皮纸上。新娘面部神态和五官位置及人物整体造型是花费精力的重点。银饰和服装绣品纹样也要一丝不苟画准确。这些都有准确的资料参考，包括新娘所坐的藤椅也是当地土造的。

（2）勾勒墨线和墨色渲染

用油烟墨锭在砚池中研出的墨汁勾勒焦墨线，这样墨线才不致洇开。作为基底的温州皮纸是用粗糙面，这样勾出的细墨线才会生动。包括各种纹饰要用更细的墨线勾出。面部和手也要较细的墨线勾勒，衣服和座椅的墨线要略粗一些，线描骨架勾完之后，应当先画画中黑色部分，如眉眼和头发以及衣服上的黑色部分。然后是背景上的黑色是用小型喷壶在略湿的皮纸上喷上去的，但要注意人物周围的留白虚边避免整齐。此虚白边是为突出人物并体现绘画性，同时也为表现出银冠等发光的效果。注意此黑背景不能一次完成，起码得喷三次方可，同时要避免一次喷得过重不易更改。

（3）渲染面部和手

画中人物面部的五官是全画的重中之重，要多次渲染才能达到预期的效果。我在皮纸上的渲染是湿画法，即皮纸上面部要先喷清水，待半干后，用一支白云笔（色笔要干些）蘸赭石为主的肤色直接画到纸上。但用笔要有轻有重、有虚有实，根据面部五官的结构软硬和深浅定。色笔用好了会自然洇开，比熟纸上两支笔渲染效果好，而且速度还快。面部结构应染得稍过一些，因为以后罩染整体

排湾族新娘
蒋采蘋
73.5cm×45.5cm
1996 年

肤色中有稀薄的蛤粉（呈半透明状）会遮盖部分五官结构。手的渲染与面部差不多，但只在指端染些冷红色，包括手背大关节处也染些冷血色即可。女性的手因肤质细润不宜多染结构。

（4）衣服上石色前要先染底色

画中新娘的服装以蓝红二色为主色，间以黑色，这几种色都需要以同类水色打底，以便将石色托住，使石色更加饱满，也便于控制好全画色调。银饰品以不一定非以蛤粉作底色，因为白云母会涂得较厚，效果已十分明亮了。用西洋红或曙红及花青打底色时，最好用湿一些的皮纸，这样红色与蓝色的底色会洇出形体之外而显生动，也会有一些写意画的韵味。

（5）上石色

朱砂色在此画上是醒目的主色，因为是婚庆场面，红色是渲染喜庆气氛之色，一定要选择鲜明的朱砂色涂在画面上。石青色要选择不太鲜明的三青，以衬托红色为宜。

白云母色亦为石色，虽有些半透明特点，但也不失明亮。我选用的是日本"吉祥"牌水胶质的白云母色，此色胶浓不必兑水，直接在塑料管口上蘸浓稠之色用到画面上即可。笔则以极小的大狼圭硬毫笔为好。点画时在珠形的银饰小件上点二遍或三遍，使其略凸起一些为佳。

涂石色时，石色因覆盖力强，所以千万要注意"色不害线"，也就是古典壁画中的勾填法。同时要注意石色不宜调得过浓或上的太厚，传统的涂石色的原则是"薄中见厚"。石色的行笔仍与涂大面积底色时相同，也是"走十字"，可达到平涂均匀的效果。不要担心平涂石色太简单，要相信画中人物的黑线已经表达形体的准确性，已有体积感，平涂不会减弱此体积感的。当然画中人物衣饰上的纹样，也已经根据人物形体有立体的结构表现了。

（6）整理全画的整体效果

全画上完色之后，要整体观察画面，看什么部分需要调整。我发现原来椅背喷墨色太浅而显得太突出，又喷清水使画纸湿润，再用较浅的墨色用喷壶再喷上一些墨色，使椅背更虚一些，这样人物面部就更突出了，全画就有了亮点，至此全画完成。

此画1998年在台北展出时，被当地著名作家李敖收藏。它被台湾同胞认可，我感到很荣幸。

《巴基斯坦留学生》

2016年初夏，我有机会去北京语言大学写生，认识一位巴基斯坦女留学生，她的中国名字叫百合，刚19岁，会说简单的汉语，她穿的民族服装是新娘装，衣裙和披头长巾都是绿色的，还戴了银额饰和镶宝石的项链。百合全身娇小玲珑，五官精致，但表情略感严肃。我用色粉笔给她写生约3小时，后又与她一起吃饭，我们可以用中文简单交流。观察她4个多小时，我发现她没有一般同龄姑娘那种娇嫩的美，她那略显严肃的表情实际上是一种自信的神态。娇嫩与自信是矛盾的，正是这两种不同的美相加形成不一般的神韵和美感。我写生几十年的人像，自以为画像一个人并不难，但要画出一个人特别的神韵来是不容易的。这不是画家的技巧问题，而是画家对所描绘的对象认识的深入和把握准确与否的问题。画肖像画同样有意境和意匠如何融合的问题，即表现人物的精神与在作画中不断探索与提高技巧的过程。直到画完我才意识到，我是在画"新丝路"上的现代人物，巴基斯坦正是新丝路的第一站。

此作品技法与画材

（1）先确定此画为装饰风格为主的画，这是由画中人物衣饰的装饰美感所决定的。设计画面中的墨线要粗一些，颜料用传统的单线平涂，背景为全金色。面孔为渲染法，但不要光线只要结构。全画色彩浓重，石色占80%—90%，使其接近中国古壁画的特点。

（2）准备基底画材温州皮纸、大量石绿色（不同深浅和冷暖）、少量朱砂、大量金云母（日制）等。

（3）此画为4尺整纸，用温州皮纸裁成比4尺整纸大，每个边长至少加5厘米。将此皮纸放在铅笔定稿上拷贝。用2B铅笔过稿，宜轻用铅笔。

（4）落墨勾勒，一定要用墨锭在砚池中研的墨汁，不宜用瓶装墨汁。勾勒人物面孔、手、皮肤处宜用很细的焦墨线条；勾勒衣服的焦墨的线宜粗，大体是勾勒面孔墨线的2至3倍粗。整个人物的外轮廓线宜粗一些；而身体服装内部结构及服饰纹样等宜细得多。我一般是1米左右高度的画是在托背纸之前勾墨线，1米以上高度的画是在托二层背纸后勾墨线。因为后者的墨线较长，纸不平勾不好。

（5）在定制好的画背板上将托裱好二层宣纸的正稿趁湿贴上（只涂四周边），待干透后才能落墨或涂色。画背板一定要在原画四周留出卡纸的位置，根据画幅尺寸要留出至少5厘米至10厘米的边，不然画完后画边挨着纸边就不好办了。

（6）勾勒墨线后，先做面部和手及裸露的皮肤的渲染，还有头发的渲染。都是从结构出发，去掉光线的影响。包括身体和衣服大结构的渲染，渲染要用水色，即透明的颜料，可用水彩色调出皮肤的深色的、凹下去的部分。深色的透明色是以后罩染面部或皮肤的同类色，可以偏冷些。待全部水色渲染后才能上石色，包括背景的

巴基斯坦留学生
蒋采蘋
132cm×66cm
2016 年

金色要先涂土黄水色底色。正如工笔淡彩画的画法。

（7）人物肤色需罩染，是用蛤粉加赭石，少许红色和更少的群青等调和成半透明状。此肤色要先在与画面用纸一样的小纸上先试一笔，干后感到颜色合适才可以将之使用在正稿上。此步骤一般要试数次才能合适，因为调好的颜色湿的状态与干后的不太一致，上错了色是不好改动的。还要注意此肤色宜薄不宜厚，以能透出下面的结构和双腮的红晕为准。

（8）肤色确定后才能决定大面积的衣服绿色的深浅与冷暖。我选择了青绿色（蓝铜矿与孔雀石混合之色）。不一样的绿色会使画面的色彩丰富。此画绿色占画面大部分面积，一定要慎重选择。调石绿色要选择小碗或有深度的大碟子，以便一次调够所需的量。宁肯剩下也不要不够，避免二次补调。补调会因胶的浓度不一而影响色相。

涂石色要用平涂法。先用石绿沿墨线勾一圈，再在勾勒好的范围内用石绿色笔走"十字"平涂，这样色会很均匀。很小的面积不必走"十字"。

（9）背景的金色，用金色云母来画，也可以贴真金箔。我选用了日本产的膏状金云母制品。其膏体浓稠，涂在画面上金色明丽厚重，且易涂匀。

（10）纹样要精致

画中人物服饰和银饰品很多，需要细描绘，但又不宜过分逼真。实际上画中的图案装饰都是经过画家简化了的，没有必要全面画出刺绣的针脚和所有纹饰的细节。画面的装饰美感是必要的，也要适可而止，应以不破坏全画整体效果为原则。

至此全画完成。

《黎乡春来早》

20世纪80年代初我和一些画友去海南采风和写生，回来后创作了《椰子熟了》等作品。那时的黎族保留着本民族的草顶房屋和民族服装，淳朴的民风和习俗给我留下难忘的印象。30年后的2013年我又根据当时的人像写生和记忆画了此幅《黎乡春来早》。黎族是爱美的民族，黎族女性所织的短筒裙配色美丽、纹样复杂，即使平时劳动所穿着的也很吸引人的眼球。历史记载我们古代汉族著名棉纺织专家黄道婆曾去海南岛向黎族妇女学习纺织技艺。

此画我选择了在雾中插秧的情节，一位中年黎族女性在插秧过程中直身远望的姿态；又选择了充分发挥皮纸的可洇可渗的特点，将重彩技法和多用石色的方法与水墨写意手法结合起来，形成工写相融的风格。画面要表达雾中水田只靠色彩是不够的，而皮纸的可洇可渗的特点正好派上用场。中国画传统的留白的艺术图式也正好在此画中发挥作用。

此作品技法与画材

（1）准备画作画板

此画尺寸为六尺整纸，为横100厘米，纵200厘米，背板应当是横120厘米，纵220厘米，是将画作四边各加出10厘米，为预留的卡纸边。大幅重彩画都是在竖起裱好的有背板的画纸上完成的，完成后直接加卡纸或沿边装框即可。

（2）拷贝正稿

此画选用正稿为温州皮纸，此纸透明度好，可以在铅笔稿上直接用铅笔过稿。过好正稿后先裱两层宣纸，各边预留10厘米以备卡纸位置。

（3）勾勒墨色线描

我是用漆烟墨锭研磨出来的浓墨汁勾勒墨线，因为焦墨（浓墨）不会再洇渗，可以为以后的渲染和设色打下良好的基础。温州皮纸用背面即粗糙面勾勒最好，因在粗糙面上勾勒出的墨线比较生动自然，还可以有些许"飞白"效果。

（4）渲染面部和手、腿

面部渲染最重要，因为人物画最重要的是面部的表情与结构，其中眼和嘴又更重要，古人说："传神阿睹。"黎族劳动妇女肤色较深，应当用熟褐加赭石渲染为宜。传统中国肖像画是强调线的造型，染结构时是去掉光影的，包括面部和四肢裸露部分的渲染。

在皮纸上画结构要先喷清水，待半干时只用彩色不用水笔，直接在生纸上画。彩笔之痕应有轻重虚实，又利用生纸自动洇开形成自然的结构之形。渲染要多遍，每遍宜浅不宜一次到位，每遍之间都要待干透后喷清水待半干后再次渲染。渲染时让色自然洇出面部和四肢的墨线之外，以期达到雾中人物较虚的感觉。

（5）面部和四肢的罩色

面部和四肢的肤色在画面中是个关键，应极慎重，此画是用蛤粉加少许赭石，再加极少的群青（非花青因其太冷，群青水彩是暖蓝色），或许再加极少的红色。调好肤色为半透明状，这样可透出下面已渲染好的结构。此肤色应在同类皮纸上做实验性的小色标，待干后才能看出是否合适。要多调几次小色标直到干后满意为止。因为水胶质颜料在湿和干时的色相差别较大，不得不多试验几次才能满意。

（6）衣服和插秧的渲染

画中人物的衣服是用花青加墨色渲染结构，也是先喷清水待半干时再画。其短裙和头巾是用墨加曙红色渲染，稻秧由淡墨绿色

黎乡春来早
蒋采蘋
200cm × 100cm
2013 年

渲染。稻秧已种下的部分是先喷清水后待半干时喷暗绿而成。用喷色法是用在生纸上用笔或笔刷不易涂匀时，只有喷色法才能使色均匀。

（7）涂石色

这是全画的色彩的最重要阶段，因重彩画的色彩是石色起决定性作用。全画色彩已设计为雾中，因此不宜用鲜明的石色，头巾和短裙上的暗紫色是用高温结晶颜料（人造矿物颜料）。这五种颜料粉先摆在一起看一看，如合适再加胶用。五种色调胶后用时也要先做小色标，待干后合适再用。涂上衣的四青石色是用传统的勾填法，即涂石色时绝对不碰墨线。涂大片石色是用传统的"走十字"法。如想十分均匀而又不熟练时，还可以喷清水待半干时再涂肯定十分均匀。

因为所勾勒的墨线已经是具象造型，即使是单线平涂法涂色，其造型立体感和结构的真实性已够，不必担心其造型不够真实。

白云母只用于人物胸前银饰（似纽扣），平涂法亦可。头巾和短裙纹样稍复杂，但只要认真去画即可。

（8）总体检查和调整

此画是现实主义作品，其真实感和绘画性要强一些。画中已有人物和稻秧在水中的倒影，画完石色感到不够又加深了一些。人物面部在罩完肤色后可以提墨线亦可以再渲染，使人物神态更完美和准确。全画各类造型的虚边也可以加强，只要不忘记喷水再上色即可。

《洱海渔汛》

1978年我去云南大理采风和写生，在当地文化馆同志带领下，写生过一些白族妇女人像，其中有两位还是在洱海边织渔网的场景中。当时是色粉笔的写生，回来后根据写生稿画过一幅工笔画《洱海渔汛》，但自己不太满意。到了2012年重翻旧稿加工放大又画了此幅《洱海渔汛》。白族年轻的姑娘的红背心和脸侧飘动的白丝穗，还有她们灵巧的双手织出的网眼均匀的渔网，30多年过去这些记忆从未淡去，这是我重画此画的动力。

此作品技法与画材

（1）画前先准备可画六尺整纸尺寸的背板，为纵220厘米，横120厘米。

（2）铅笔大稿要一丝不苟，最好用素描纸起稿，便于修改。

（3）拷贝正稿

用温州皮纸为正稿画纸，其纸透明度好便于过稿。用细铅笔过好之正稿先托上至少两层生宣纸，将托好之正稿四周粘在背板上就可开始正式做画了。

（4）勾勒墨线

画作正稿时选择温州皮纸的粗糙那一面，墨线走笔时会有一些涩度，使勾勒出的线不会有流滑感觉而有力度。因画面是垂直竖立的，执笔法要重新考虑，原来的执笔法是在画案上笔和纸呈垂直状，并不太累。但画板直立后笔和画纸仍要垂直于手腕的曲度增加，因此手腕就会紧张而易疲劳。如果改变手腕曲度手执纸笔可以改成执铅笔状，这样笔仍和画纸保持垂直状，仍可运笔为中锋而手腕手指均不会因紧张而疲倦。20世纪50年代，当时我亲见工笔画大师徐燕荪先生的执笔勾勒细墨线就是如执铅笔或钢笔的手势。可见为画好画不一定非拘泥古法执笔法不可。

（5）渲染

此画装饰风较强，只在人物面部略施薄染，减弱了面部结构。

二人衣服基本平涂，只前面姑娘袄子和后面中年妇女围裙是用墨色平涂，只在衣褶部分略为空出。渔网因是多层重叠或有褶皱才做了一些较深色的渲染，但也只是象征性的，不追求写实效果，只有些虚实感而已。在装饰性强的画中必须有一些稍微虚些的部分才好避免刻板。

（6）罩染

面部和四肢在渲染的基础上罩上一种肤色，此画不追求太真实，只要在画面上合谐即可。全画色调偏冷，因此肤色中应当加少许群青色，才不至于在画面上太跳动，而会统一在总色调中。

（7）头发画法

我从20世纪50年代学习期间，老师给我们上工笔人物写生课时，我就认为古典的一根根细线平行排过去的方法不适合现代女性的头发画法了。因为现代女性头发发式多种多样，而且多以发型自然为审美标准，与古典绘画中女性发型非常整齐的审美标准大相径庭。所以不必细线一根根平行地排列，而是结合所画对象是梳辫子、烫发、剪发等不同发式来用笔勾线或渲染。我所画的女性头发多用线面结合方法，此画前面姑娘虽为辫发，但刘海碎而自然，十分美丽，可以多用细线，头上面盘的辫发也未全勾线，而是在受光处利用了部分光感而无线。头后的稍松散的头发部分勾线但也不排列整齐，而且在轮廓外沿用墨色染出发界外一些以示松散状。我完全是按当时写生时的具体形象而画。时代变了、审美标准变了，画法也要随之而变。

（8）涂石色和其他色

此画中姑娘背心为朱砂色，裙子为深浅两种石青色。两个女性头巾和头饰后面蓝穗亦为石青色。还有左上方渔网上的漂子也是石

洱海渔汛
蒋采蘋
170cm×97cm
2012 年

青色。画中所有渔网皆为蛤粉所勾勒，包括姑娘上衣和头饰以及画中所有白色部分。

背景的底色为暖灰色、长凳、篓子、竹筐等全是水粉色调出来的，这是因为国产石色中间色品种较少所以只能用水粉色调出，不过都是粉质颜料配合同一画中还是协调的。

画中少量银饰品用了白云母，如中年妇女头上的簪子、手镯等。

（9）"单线平涂"技法

中国画中的工笔画、重彩画都是装饰意味浓的绘画，所以多用传统的"单线平涂"法。我从事此专业教学和创作数十年，可以坚定地说："单线平涂，不简单。"也许可以说在技法上"单线平涂"似乎简单了点；但从艺术上讲"单线平涂"正是一种写意性的表现。中国画讲究"简之又简，损之又损"，或说"意到笔不到"，这些艺术原则无论工笔还是写意都是一致的。有些画家错误地理解"工笔画的写意性"，以为像水墨画那样地用笔复杂且多样，因而在工笔重彩画上乱作肌理，反而破坏了"单线平涂"法中的线和色彩的单纯简约之美感。

（10）从开始作画就注意"气韵生动"之重要，并贯穿全画的绘制过程，完结时不需调整也会完美。

《丰年祭父女》

我从1996年起去过台湾岛数次，而且深入到一些当地居民的生活区，并参加他们的"丰年祭"活动。排湾人是台湾地区当地居民中较大的一个族群，他们大部分生活在半山区，生存条件较好，且生活较富足，所以他们的服饰较讲究，有绣花，有漂亮的银饰，

丰年祭父女
蒋采蘋
200cm × 100cm
2012 年

还有海岛居民特有的鸟羽和贝壳饰品。排湾人有自己的文化传承方式，他们的历史是以服装上的绣花纹饰表现出来的。例如他们不论男女手绣的图案中都有五步蛇的纹样，而五步蛇正是排湾人的图腾。这衣服绣的五步蛇的图案形象像动画造型，十分可亲可爱，那带有羽冠饰的人头像也极生动。他们还有抗击日寇的光荣历史，令人起敬。

此作品技法与画材

（1）我选择两个正方形的六尺整纸的竖幅构图，台湾少数民族以平常的站姿来表现父女俩参加丰年祭的欢庆活动。人的周围加大空间并做些抽象肌理，来活跃欢庆的气氛。

（2）我选择此画以黑红灰为主色调，用了黑色（漆烟墨）、朱砂、石墨为主色。

（3）用铅笔在素描纸上定稿后，用温州皮纸拷贝正稿。然后用焦墨勾勒墨线在温州皮纸的背面（粗糙面）上。有些粗糙的皮纸上勾勒出墨线会有生动感，因为墨线不太光滑，所以易区别出不同的质感。

（4）勾勒完墨线可以在正稿后背托两三层宣纸，然后将此正稿加宣纸的画纸裱到定制的画背板上，待干透后，就可以上色。

（5）从渲染人物的面部结构开始陆续上色。皮纸上上色不易掌控，应当在面部先用喷壶喷上清水，其面积要超过人物的头部，待画面上清水半干后可以渲染面部结构。女性渲染可用赭石为主的水色；男性渲染可用熟褐为主的水色。用一支染色的白云笔即可，不用清水笔去染开，因为半干的皮纸上色笔画上去会自动渗开，掌握干湿度合适，色笔染出之色会达到画家所希望的渗开范围。如果略有水墨画中的自然洇开效果亦很好。我喜欢在画中人物的面庞四周也洇开一些，包括裸露的手足部分也同在外轮廓旁洇出，使画面不至于刻板。

（6）此画是以墨色为主的，包括人物的眉眼和头发，还有大面积的黑背景和男性黑衣服，全是墨色表现的。我是先喷清水才上墨色的，先画的眉眼和头发，再画黑衣服，后喷背景。眉眼和头发先喷清水，待半干后按画面部结构同样技法渲染。画黑衣服也是先喷清水，可以比半干更湿一点，再用大笔蘸墨色在衣服勾勒的墨线内上墨色，但墨色不宜太靠墨线，应当留出一些来，以便墨色趁皮纸稍湿可以自然洇开来，与画水墨画类似，只是不求墨色变化，墨色接近平涂用笔即可。

背景墨色要比人物衣服墨色稍浅一点，也是在清水喷湿后，待半干再喷墨色。这样喷上去的墨色很均匀，不会有痕迹，如果略显一些细微墨点也很美观和自然。只是喷背景墨色时，需右手执喷壶，左手执一硬纸板，并且左手要不停地微动，这样就不会形成死硬的墨色整齐的边。注意在人物四周要留下墨色虚边，给以后做石墨的肌理留出余地。

（7）石墨色做背景肌理

石墨是一种矿物，研磨的颜料应为石色，它是深银灰色的颜料，与很多石色都相匹配。石墨是微有光泽的一种中间色，与很多靓丽之色都很相配。此画中的石墨是用在墨色的背景上，是用白云笔蘸调好胶的石墨色，在背景上用水墨写意笔法灵活地画上去，不可用小滚子等器械去做。此肌理应当具有绘画性与灵动性，才能体现出节日的欢乐气氛。

（8）此画中的银饰、衣饰图案较多，应当以工笔的严谨方法来画。银饰品是用白云母颜料，白色的贝壳饰品用日本制管装"胡粉"（即蛤粉），蛤粉比水粉色钛白粉更白。

《编钟乐舞》

此画作于1980年，是我与潘世勋合作完成的，为北京燕京饭店
所作的壁画。现存色彩稿，原作已在燕京饭店重新装修后遗失。20
世纪70年代末，长沙马王堆出土的一套至今两千多年前的编钟在当
时的中国历史革命博物馆展出并有现场演奏，我才知道什么是古代
的黄钟大吕。恰好燕京饭店邀请我们二人画一幅壁画，我们就自选
了《编钟乐舞》这个题材。因此画中有编钟、编磬、瑟、笙、舞蹈
人物等，除了找了许多资料外，我们二人还去拜访了沈从文先生，
请他看我们的壁画稿。沈先生对此稿给予肯定并指出其中一些乐器
摆放和演奏姿态的错误。

编钟乐舞壁画彩稿
（壁画原大 500cm×150cm）
蒋采蘋
1980 年

因为现代墙面已不适合直接作画，我们选择在木板上裱纸作画的方法。全画设计为装饰风格，吸收了汉代画像石的艺术特征，包括构图与造型。全画色彩设计为暖色调，朱砂底色和雄黄为主的色调，以黑色、褐色和石绿为间色。其技法选用古代壁画的重着色，即重彩法，使画面有厚重感，浓丽而不失庄严。

此作品技法与画材

（1）此画幅尺寸约为长5米，宽1.5米，因幅面较大运输不方便，故先做了4块有框的木板，画完后再接在一起上墙。

（2）完成大稿（铅笔稿）后，用铅笔拷贝在熟宣纸上。再将此有铅笔稿的宣纸托裱二或三层纸后再裱在准备好的木板上。要注意4块板子的衔接处一定要将稿子对准确，绝对不能错位。

（3）勾勒墨线

　　此画因属装饰画风格，墨线应稍粗一些使线条明显，接近永乐宫三清殿壁画的墨线造型和色彩比例关系。壁画中的墨线既是造型元素也是重要的色彩元素，此画中的黑色墨线和黑色头发等在全画中会起统领画面的作用，也可以分割各种色彩形成既统一又各显异彩的效果。因此，此画中装饰风格的墨线是非常重要的。

　　（4）先画主色

　　此画主色是朱砂和雄黄，应当先画出来。朱砂应当第一个画。要将全画所需的朱砂在一个较大的瓷碗内一次足量调出，然后根据画面中所有应当有朱砂的地方，依次绘制完毕，不可有遗漏，如画中的乐队坐毡的边饰、瑟等乐器、编钟的架子等处。其次是上雄黄（橘黄色），主要是乐队演奏者的服装。因朱砂和雄黄的色相很美，不需调配即可以为主色，其他色可以调配，且要服从此二主色，最好是先画色彩小稿才能心中有数。

　　（5）再画最深色

　　指除黑色以外的深色，此画中乐队中女性服装边饰用的是褐色。舞蹈女性服装边饰为深紫红色。绘画中的色彩也是讲究黑白灰关系的，作画步骤最佳选择是先上最亮色和最暗色为好，这样便于把握全画整体的色彩关系，之后再上中间色就有把握了。

　　（6）单线平涂石色法

　　此画主要使用矿物颜料，矿物颜料的覆盖力较强，它在墨线的范围内涂色容易将墨线的流畅感破坏，所以石色不能碰墨线。具体的方法是用蘸好石色的笔，沿着墨线空开的一根白棉线宽的距离，将色线勾勒一圈，然后在色线内以走"十字"的用笔涂色。

　　（7）编钟等乐器画法

　　画中编钟、编磬、建鼓座等需要表现其金属质感，可适当表现一些立体感，即在中间色基本色上加些渲染。但要注意只能略有立体感和金属质感，不宜过分，以免破坏全画的装饰风格。

（8）贴箔法

在全画色彩完成后，再在背景上贴箔。原计划贴金箔，但因在20世纪80年代初国家控制黄金的使用，银行只批准了银箔，只好贴好银箔后，再用调好的金黄的水彩涂在银箔上使其有金箔的效果。

贴箔完成即全幅壁画完成，金色底衬托朱砂、雄黄等暖色系的石色，使全画呈现金碧辉煌的效果。

2. 重彩花卉、风景画类

《筛月》

《筛月》是我第一幅花卉题材作品，画于1991年，那年我57岁。之前我主要画人物画，花卉和植物只用于人物画的背景。偶然在深秋看到荷塘的残荷，心有所动。当时我忽然发现它们虽残败但仍展现出无比顽强的生命力。这是一种我从未发现的美感，是一种如光芒般玲珑剔透的美。回家后，我念念不忘，遂决心画一幅表现此种美感的画。我先画了一幅绿色调子的残荷叶，一如我白天所看到的样子，但感到没有表达出我的心境。我又重新起稿，加了莲蓬，改成有月色的夜晚，画完后感觉比较符合我的心境了，也似乎有境界了。此画完成后找不到合适的题目，不久，我在泰山角下普照寺庙后边的小山上，在一座古亭的匾额上看到"筛月"二字，感到十分适合此画的意境，就借用为此画之题目。在1991年，秋叶浅予师生画展上展出了此画，让我感到意外的是《筛月》受到众多观众的肯定。1997年，此画参加伦敦英中女画家联展时，不少英国观众驻足观看并问我此画的含义，我用简单的英语向观众表达："年轻女人是美丽的，年老的女人也是美丽的。"从英国观众表情来看，他们是懂得我想表达的意思的。此画被中国美术馆收藏。从此一发不可收拾，我又画了"老芭蕉""红珊瑚"等花卉系列作品。

此作品技法与画材

（1）此画我仍用温州皮纸，因为我想画月色中的残荷，画面应当有虚实感，只有半生的皮纸才能有此效果。我先在皮纸上勾勒好白描，但只勾勒荷叶秆、枯莲蓬及荷叶大的筋脉。在皮纸下衬以羊毛毡，先用喷壶喷清水，待未干时再用花青加墨喷画的下方。再用白云母细粉加稀胶水喷画的上方。白云母粉加胶水后会呈透明状，但干后才能看清白云母浓淡是否合适，所以应当先喷薄一些，待干后看是否合适，如不够可再喷。如果一次喷太浓就不好改了。

（2）勾勒白描和喷好底色后，就可以将画托两层生宣纸固定在定制好尺寸的画板上，待干透后才可开始设色。这样画好后不用再托裱，可直接加卡纸和框子。

（3）此画颜料以三青为主色，主要是前面的残荷叶和枯莲蓬；下层的残荷叶用墨绿色水粉色（因当时找不到墨绿色石色）。此画以蓝色为总色调，非真实夜晚色彩，而是象征性的夜色，我用了材质十分美丽又有晶体光泽的蓝铜矿为原料制成的石青色。其底色为花青和墨调成的透明又见光泽的深蓝色，正好衬托出石青的靓丽。

（4）此画中费时较多的是那些细密的荷叶筋，那是要很认真、很慢地依照荷叶筋的生长规律一笔一笔用细笔勾勒完成。前片荷叶筋用三青，后片残荷叶因为起的是衬托作用不宜用细笔勾勒法，故用狼毫蘸墨绿色，以写意笔法横皴加擦的方法画出，使后片荷叶造型总体较虚，但还有写生的真实感觉。否则前后两片荷叶不匹配也不好看。枯莲蓬在保留墨线造型的基础上用三青画成，是用勾填

筛月
蒋采蘋
67cm×67cm
1991 年

法，即色不碰线，保留墨线的均匀流畅之美。

（5）重彩画、工笔画都有表现极细密的特点，具有制作性也是一种工匠精神。在勾勒此画残荷细叶筋时，因每一笔都在体现细叶筋本身的细线和细线组成的网络之美感，以及它们所营造出的美的境界，因此，这是一种美的享受。此画最终效果是有虚有实，既有装饰之美也有写意之美，可以说是一幅工、写两种技法结合的作品。

《金芭蕉》

1993年春，在南京的江苏省美术馆举行"第三届中国工笔画大展"，我赴南京参加此展。在休息时我和几位画家去参观天王府花园，在此花园中我们发现了一个园中园的小园，是楔形的。就在此楔形小园的尖角处发现了一株大芭蕉树，正因为此株芭蕉树在狭小的尖角处，是在风吹不到的地方，因此这株芭蕉树保持了经过去年一秋一冬之后的自然凋谢的完整姿态。而且它的色彩在阳光下是金灿灿的，令人感到无比辉煌。回北京后，我就画了这幅《金芭蕉》，那年我59岁，身体尚健，还有点不服老。正像我前两年看到残荷叶时的感觉一样，它们青壮年时期的生命是美丽的，但是它们的老年时期或是在生命即将终结时也是同样美丽的。当然，这是另一种美，这是一个生命顽强生长过程的美，是生命可贵之美。

我的创作是坚持现实主义的，我的作品是写实风格的。我很喜欢秋冬季以后老芭蕉叶子全部垂下来那种美，它们既整体又形态各异，是一种多变化又统一的美。我选择了芭蕉的中段造型，我认为这是最能显示它生命辉煌和多样统一的美的地方，并决定用金箔与朱砂红色来表现。

金芭蕉
蒋采蘋
84cm × 84cm
1998 年

此作品技法与画材

（1）有贴箔的画更需要将画板先做好，画的底基材料（画纸）选好、托裱好才能画。我选用温州皮纸，选用背面（粗糙面）。拷贝好铅笔正稿，再托裱二至三层，才正式开始画。

（2）先设计好芭蕉为金色（贴金箔）、背景为朱砂色（暗一些的朱砂色）。将合适的材料准备好，包括贴箔的金胶油。

（3）此画可勾勒墨线或不勾勒墨线，只有铅笔线亦可。因为贴箔时不易很规整地按造型贴出准确的形，墨线不易保留完整，需要勾勒的线是贴箔后才勾勒上去的。

（4）做底色

无论金箔或朱砂均需要底色。朱砂用曙红做底色即可，或喷或刷均可，因朱砂面积小，容易匀。金箔底色较复杂，我是先用土黄水彩打底，再根据老芭蕉叶片的凹凸结构变化用赭石或熟褐染出，要认真按结构染，因为此结构需要保留不贴金箔。

（5）贴金箔

传统贴金箔是先在画面上满贴之后再在金箔上作画。此幅我选择根据芭蕉的造型一部分一部分去贴上，都是复杂的不规则形，贴时很麻烦。这虽不是传统方法，但我认为效果会好。我先选要贴的叶片，将金箔一张拿在手中（只拿住一角，其他部分放在桌面上），然后用剪子隔着金箔两面的衬纸剪成所需要之形。之后用胶水或糖蒜胶涂在需贴金箔的位置上。贴法是掀起一面衬箔纸，将有衬纸的一面拿稳，在画面上所需贴箔的位置上又轻又快地贴上。然后用一块干净宣纸压在已贴的箔上，轻轻地用软毛笔去刷，使贴箔粘贴均匀和牢固。

金箔用24K金，此种金箔略发红，市场常见金箔有三寸见方和五寸见方的两种。

贴箔时要注意关好门窗，使空气不流动。贴箔时最好屏住呼吸，因箔太薄，呼吸的气流会影响贴箔，以致贴不准位置。

（6）金箔上施彩

贴好的金箔上最好涂一层淡胶水液，不然金箔太滑而施不上去色，有了淡胶水涂层施石色或水色皆方便。此画的叶片凹处用的是熟褐石色，但应调稀一些，以便透出金色来。凹处根据画面需要还可涂些石绿色，有些冷暖对比色效果颇佳。

如果金箔与熟褐、石绿衔接生硬，可以用金云母涂染使色与色之间衔接自然。但要注意保持画面的二维效果，不能画成三维空间。

（7）涂朱砂背景

芭蕉叶全部画完之后，准备涂朱砂背景色。朱砂粉和胶都要浓一些，争取一遍画完。此画为84厘米见方，朱砂背景约占全画五分之一的面积，使用朱砂粉约10克，最好一次调够，如果补充调色，用胶量不可能完全一致，会导致两次调出的颜色有差异而影响全画色调。

涂朱砂色时，一要注意芭蕉的外侧边界线，用色、涂色时要像勾勒线条时一样用心，做到一丝不苟。二要在涂大面积时，应当用走"十"字的方法，一定要十分均匀，不要重复涂抹。

（8）勾线

此画勾勒墨线已不够凸显，因此改用粗颗粒黑色高温结晶颜料勾线。粗颗粒黑色需要浓胶液，不然在纸上附着不牢固易脱落。用粗颗粒勾线不会画得很长，应当一小段一小段衔接，而衔接的墨线又要贯气是不容易的，一定要十分认真才好。

（9）金箔上涂水色

画完全画后，感到金箔过于明亮。因此在有金箔处又涂上一层很薄很稀的土黄水彩色。这样使金箔与朱砂色浑然一体，金箔处既明亮又不过分抢眼。总体的金红二色相映辉煌。至此全画完成。

《家乡的牡丹》

我是古都洛阳人，我去洛阳和开封都欣赏过牡丹，也去过北京景山后面的洛阳牡丹园。从古至今，画牡丹的画家很多，我迟迟没画是因为找不到特别的感受和表现方法。终于有天我在山东莒县的金色二联小屏风上找到了灵感。我对画白牡丹是情有独钟的，想看这种被称为富贵花的艳丽花，是否能画出脱离富贵感的雅致感觉。金色是一种中间色，它与什么色都相配，衬托白牡丹还合适，背景衬以墨色石头可以压得住亮色，连同美国"高登"牌丙烯白云母色和稍暗的红云母色一起，这样白、红、黑、金四色很搭配，再用暗红色画叶子有点新鲜感。此画的色彩构成就确定了，黑白灰平面构成也自然形成。我设想此幅《家乡的牡丹》不会俗艳也不失亮丽。

此作品技法与画材

（1）此日式二联小屏风，是山东莒县某厂接收日方订货和设计生产的，日方主要是选中莒县特有的一种适合做这种室内装饰的屏风的轻型木材。我认为所谓日式屏风正是中国唐宋时期的屏风样式，因为我们在中国古画中看到过类似的日本屏风样式，我想借用唐宋屏风样式来画具有现代审美的重彩画是一种尝试，但绝不是复古。

（2）勾勒墨线

屏风是贴的日本潜金纸。潜金的意思是一种金属纸在下面，上

家乡的牡丹
蒋采蘋
63cm×95cm
2004 年

面又有一层稀松的纸浆，这种纸浆可透出下面的金属纸。因是在成品屏风上作画，无法拷贝，只能用黑色复写纸将铅笔正稿复写在屏风上。因有一层稀薄纸浆，故勾勒墨线还是和在熟宣纸上勾勒一样顺畅。勾勒花时墨线要细一些，勾勒叶子的墨线要稍粗一些，也稍硬一些，以表现出花和叶的质感区别。花的墨线也可稍浅一些。

（3）我先用美国"高登"牌丙烯白云母画牡丹花，因云母比较透明，可以透出下面的金色来。画花瓣用传统的渲染法，是从花瓣的尖上画起，逐渐用水笔染下去。丙烯色需加水稍稍稀释，以便于渲染，用笔的感觉与水色或蛤粉没什么区别。只是丙烯色无可逆性，一定要认真地一次（顶多两次）画完。如果画错了是不能更改的。

点花蕊是用深红色的丙烯色，不加水，直接从色管中取色点画在画上。这样画面的花蕊就会凸起来一些，同传统沥粉效果一样。花蕊下方的长杆也用浓丙烯，也如沥粉效果。这样才能增加花蕊整体的生动性。

（4）牡丹花叶子我没用真实的绿色，为增加牡丹花的神秘感我选了暗红色丙烯色。一如画花瓣一样也用传统渲染法，但从叶子中心画起向下侧方染过去，留下金色底色较多。此画金色是统一全画色调之色，但无一处是全金色，绝大部分是半藏在花、叶、假山石下面。使全画金色比较含蓄，似隐似露。

（5）墨色背景

牡丹花叶画完之后，最后画背景黑石头。因花和叶全用丙烯色画，丙烯为不可逆性颜料，即遇水不会化开。因此最后画背景墨色万一不注意流到花叶间也不怕，用干净毛巾擦一下就可除去。墨色背景石头是一种既具象又抽象的效果，采用了泼墨和自动技巧的方法。可以说此画的牡丹花是工笔的，而背景是写意的；前景是实的，而背景是虚的。何谓"自动技巧"，即将画板放平，将已裱好的锦缎边用不干胶粘上，以免墨色侵入。再调好适合的墨色（有大盘半盘的量），再将墨色用大笔全部涂到金色纸上，多到可以呈流淌状。然后双手执画板，按自己设计叠加状摇动，摇到接近心目中的形态为止。再趁湿用较浓的墨色加工有石头叠加的大体效果，但不必追求太写实的效果，保留其自然流淌的痕迹较多为好，有似是而非的效果，或说是类似写意效果。此水墨流淌的效果近似泼墨又非泼墨，具有偶然或即兴的趣味。

《并蒂鸡冠花》

1995年初春，邻居送我一些优良的花卉种子，我马上种在所住的一层窗外的小花圃中。后来长出一片鸡冠花，其中有几株花形奇特、呈细碎状的花冠。而且其中一株还是并蒂双冠花型的鸡冠花，真是我从未见过此种类型，太奇妙了！我立刻剪下此株鸡冠花拿到画室中去写生。我想，如果按正常鸡冠花的花冠来画只不过男性手掌大小，表达不出此细碎花冠之美。偶发奇想，我将其放大为纵30厘米，横60厘米，放在四尺斗方（66厘米×66厘米）的框架内来写生，这样才能将其奇特之美充分表现出来。完成的铅笔写生稿鸡冠花花冠占据了画面二分之一还多，且为满构图形式，又有对称之美感。

艺术多产生于现实生活和自然之中，将生活变成艺术就是画家的工作，将生活升华为艺术既难又不难，但必须触发艺术家的灵感。而灵感的触发需要画家随时随地处于创作状态当中。我想我1993年研制的珐琅制粗颗粒的高温结晶颜料正好用得上，其中红色用在有细微颗粒的鸡冠花花冠上比较合适。

此作品技法与画材：

（1）过程与勾勒白描正稿

这一程序与画一般工笔并无二致，只不过我是用温州皮纸做基底画纸。用铅笔过稿时铅笔要削尖，用笔要轻和细，不宜过重以免勾完墨线还要擦去过重过粗的铅笔线。墨线是要用墨锭在砚池中研磨的墨汁，不用瓶装墨汁。

（2）渲染

在皮纸上渲染必须在皮纸下垫毡子，像水墨画一样，不然渲染出的水色会难以控制。先将此画上层留白和下层中度墨色以喷水法喷好。渲染鸡冠花冠是重点，用西洋红将花托和花冠主要结构染出

并蒂鸡冠花
蒋采蘋
67cm×67cm
1995 年

来，整个渲染过程需要多遍渲染，达到很近似原花才算完成。在渲染过程中我发现不能与熟纸上渲染整齐的轮廓一样，那样太死板。我试着将西洋红染出轮廓外边近3厘米，染了一遍感到太单薄，又染第二遍，因此有两层痕迹。其目的是为了使鸡冠花花冠绒绒的感觉更真实，总体画面也有了气韵。总的渲染过程是只有分染没有罩染，而且只用一种西洋红水色。渲染过程为了有润泽效果，中间阶段曾喷清水，结果出现了些流水效果。虽出偶然但有雨后花之美感，故不再更改而保留下来。

（3）叶片为粉质颜料

为突出花冠，只能将4片叶子色彩处理成墨绿色，与叶子后面的墨色背景的色阶接近。石绿无此墨绿色，只好用了水粉色调成。只在叶子尖部涂了些近赭石的颜色，使叶片略突出一些。如果叶片用了鲜明的石绿就会在画面中太跳，而且红绿对比不当使格调俗气。

（4）高温结晶颜料用于花冠

因为鸡冠花花冠已夸大数十倍，其有绒球的质感只有高温结晶颜料粗颗粒的大红色才能表现准确。虽然高温结晶颜料是我较早研制的，但我依然提倡使用传统的石色。高温结晶颜料（人造矿物颜料）只不过是补充石色品种的不足，粗颗粒我更少用，因用不好会不像中国画。但此幅鸡冠花却非用它不行。粗颗粒的色自然用胶要多要浓，不然容易脱落。粗颗粒我只用于上面的花冠的细碎部分，下面的花托部分不用。画材一定要恰当运用，不能为材料而材料，用错了会适得其反的。

目前有一种说法是："画什么不重要，怎样画才重要。"我认为此说法不正确，我只承认传统的"尊道重器"。此幅中的鸡冠花是我亲手种植，从小苗到开花、从写生到创作，我欣赏了它生命的全过程，也经历了从生活到艺术的升华。我如果将这个过程颠倒过来，我只能成为一个重复别人创意的模仿者。

画家的作品正是他（她）一段段生命体验的真实呈现。

《银珊瑚》

自从1993年我在新加坡参观了海底世界之后，我就难以忘怀那种仿佛置身于童话世界中的感觉。那些摇摆的各色扇形的珊瑚非常美，我当时想：这样美的生命为什么没人画？回来后我趁着激情未退画了数幅红色和银白色的珊瑚。在1991年画过《筛月》一画的细密荷叶筋之后，细密的如丝网状的美感就很容易触动我的心。形式美是存在的，但每个人对形式美的感受不同，所以要在生活中去发现新的形式美，不要去重复别人已表现过的。

此作品技法与画材：

（1）此画是没骨画法，过稿时不必勾勒墨线，只用铅笔勾勒至能看清轮廓即可。银色珊瑚只勾勒出主要"枝干"，细密的如叶筋的纹路不必勾出，它们要待正式用白云母勾勒时再根据其生长规律来画。

（2）重彩画是以石色为主的，我对此画的色调总的设计是以石青色为主，以形成蓝色调背景，这样才有深海中生长的珊瑚的真实情景。此画是以温州皮纸为基底材料，因皮纸会洇，所以不能用涂制法来涂底色。正确的做法是先将皮纸用清水喷湿，待稍干后，再喷花青与墨色合成的深蓝色，用喷壶喷在半干的皮纸上，这样透明的底色会比涂制的色均匀。石色是必须用同类色先涂底色的，这样做会使石青也比较均匀。

（3）要先用白云母粉调胶勾勒银白珊瑚，或用日本"吉祥"牌已调好胶的管装的银色（实为白云母），直接挤出在盘中，略加一

银珊瑚
蒋采蘋
66cm × 66cm
1995 年

点水即可用叶筋之类的细笔蘸上白云母颜料，直接在画纸上勾勒银珊瑚的粗细线。粗线有稿，细线无稿，只能根据自己掌握的扇形珊瑚脉络生长规律，细致耐心地一笔一笔去勾勒，临时组织珊瑚结构及疏密关系。且每笔都有画意，不能画成图案。因为是画在深蓝色水色上，每笔云母不会翻起底色；如果先涂石青底色就易翻起石色而难补救。亦可用进口丙烯白云母色，用法与水胶质日本云母色相同，且丙烯色无可逆性，以后在勾勒好的银云母上涂色、喷色也不受影响。

（4）画面下方的礁石是用重彩青绿山水的画法，但石青石绿二色都不能画得过分清楚，因为礁石是在深海下，应当虚一些。山水画技法的皴、擦、点、染混用效果会较好。

（5）在画中造型部分全画完之后再大面积涂石青底色。银珊瑚内细小结构内不涂石青只涂轮廓外部分，最好是先沿着银珊瑚外轮廓画一圈石青，然后再扩展到外面。注意走笔时要走"十"字，即横三笔竖三笔，横竖笔之间不要再蘸石色。如此横三竖三接着涂下去，不要重笔，定会十分均匀。如果涂大片石青色时，基底皮纸为潮湿状效果会更好。

（6）石青底色涂完后，全画的蓝色调才会整体出现。最后一步就是整理全画总体效果。全画的"气韵生动"也要在此阶段充分体现。整理全画时我首先发现画装饰性过强，于是就在画的下方喷上一层淡墨色，使整个画面上浅下深，增加了画面空间感，也增加了视觉上的海洋深度。随后，我在白珊瑚上面又喷了一些花青加墨的深蓝色，是作横条状的喷涂，目的是增加海洋的流动感，这样活生生的珊瑚的形象出现了。全画整体调整以后，画面的装饰性与绘画性有机结合起来。此画既有写实与细节的美感又具有些许神秘的虚幻美感。

《木棉花开》

2003年，我在香港中文大学艺术系讲学。当时是1月至4月时段，校园中木棉花盛开，树身高大，满树红艳艳的大朵木棉花，让我这个北方人在被广东人称之为"英雄之花"的树下流连忘返。遂作此画。

因为香港中文大学师生不太能完全理解徐悲鸿的中西结合教学体系，所以我在教学上尽量偏向中国传统，再加上写生，使他们便于接受，这幅作品就是教学示范。我想到任伯年的朱砂底真金粉所绘的《孔雀牡丹》，但因木棉花花朵很大，又很红，无论是何底色都容易使人感到俗气。只有用朱砂底色才会使观众联想到花是红色的；如果把花改成金色，金红二色相配会很美。画出后当然与任伯年的《孔雀牡丹》不同，他是小写意画法，我是工笔渲染法。此画得到香港中文大学师生的认可。

此作品技法与画材：

（1）重彩画因为石色较多又是多层画法，不宜画完再装裱，以免石色掉下来。此步骤与正式托裱差不多，一定要至少托两层宣纸，画完直接加卡纸装框即可。为此要先定制托画之板，此画板一定要预留装框时画面四周卡纸的尺寸，视画面大小，至少留5厘米至10厘米。待画完成后，直接装卡纸和画框才算全画完成。重彩画最好不要从画框中取出来卷起收藏，因为卷起收藏会使石色脱落。

（2）作画时先勾勒焦墨线白描，用温州皮纸或其他皮纸类的纸，选择标准是纸的纤维长且结实，要经得起石色稍厚的涂染。皮纸虽然较生（即有渗水性），正因为其渗水性才能将水胶的石色渗

木棉花开
蒋采蘋
67cm × 67cm
2003 年

透在皮纸上，因此石色才牢固。

（3）将勾勒好的焦墨白描画稿托至少两层宣纸，趁湿时托裱在画板上。

（4）因为背景要用朱砂涂底色，而石色是都要先涂水色底子的。此画朱砂色的底色宜用曙红。此步骤要首先在皮纸上涂上清水，待半干时再喷曙红色。此法会使喷曙红时颜色均匀。不过喷壶要专色专用，喷水喷色要分开使用。其次，还要趁曙红还湿时，在花朵部分再加染更浓的红色。全画底色是最后掏染掏涂出来的，不能全部先平涂朱砂。因为其后还有花朵和枝条是用金云母渲染和皴擦法画的，只有其底色是水色才不会翻起朱砂底色来。

（5）木棉花朵因结构细腻，用的是工笔渲染法，所以要先画。枝条是用皴擦法，适合枝头结构粗糙的特点。画中有细润的渲染，枝条用皴擦法，因此有粗细的对比，使画面丰富。

（6）最后涂底色，用朱砂石色。朱砂深浅调好后，从渲染好的花朵枝干四周开始涂，然后扩展到四周。如遇大面积底色走笔时可换平头水彩笔。宜用"走十字"的方法，即横二三笔又竖二三笔，这样容易匀。皮纸有渗水性，石色涂时容易均匀。如天气太干燥时，还可以用喷清水的方法，但不宜喷太多，以免石色流淌。

《一品红》

《一品红》创作于2003年春，当时我正在香港中文大学新亚书院艺术系任教。我是1月份到校的，校园建在一座小山上。那座小山满山都是花树，满地都是花丛，我仿佛就置身在花的海洋之中，真令人心旷神怡。1月份一品红正在盛开，此人不由得想画它。此花顶端生长出来的全是鲜红的叶片，如同花朵一样。渐渐地这些"红花"变成绿叶，它们上面又生长出新的"红花"。中间有一部分叶子正经历由红渐变为绿的过程，所以这些叶子上既有红又有绿，而且是变化无穷，很是奇特！我是先感到奇，后由衷喜爱，继之又生出情致来。我又想这么美妙的花为什么没人画呢？于是在不长的时间内我就完成了《一品红》的小幅创作。此画正好也是我给香港学生的重彩画示范作品。

此作品的技法与材料：

（1）我选择了盆花的造型与构图，色彩的设计为红、黑、金三色为主的配色。适宜的颜料为朱砂和金云母。

（2）勾勒焦墨白描。重彩画是以色彩为主的，它的墨线白描的线条应当以均匀的铁线描、高古游丝描、春蚕吐丝描等类型为宜。其线条的组织更为重要，即形象的外轮廓线要略粗一些，而内部结构要用细一些的线。这样的粗细线组合才有造型的整体感。另外勾勒的墨线还要注意表现出不同部分的不同质感，例如花朵、枝干、叶子的质感各不相同，勾勒线的用笔也应当有轻重缓急的区别。以颜料为主的画要做到线不碍色、色不碍线。

（3）涂底色

此画色彩比较浓重，因此白色的皮纸做底色已不合适。当金红为主色，配色必须以黑色为底色才比较合适，只有黑色才能压住金红鲜明亮丽的色彩，也才会有全画应有的黑白灰的关系。背景是用透明的墨色喷涂上去的，因背景上还要有金色肌理，以及一品红的整体造型的四周也要有金色围绕，所以墨色不必涂满全部背景，在一品红四周留出一圈虚的空白，以便以后涂金云母用，墨色最好不要一次到位，可以浅一些先试看，不够深的话，待干后再喷第二遍或第三遍墨色，以免喷色过深而不可挽救。

一品红
蒋采蘋
92cm×60cm
2003 年

（4）画朱砂色花和叶

选择较鲜红的朱砂粉末加胶。最好将调好胶的朱砂先在皮纸上试一笔，待干透后，用手指摸一下，先看朱砂色是否掉色，如掉色就是胶少了需再加胶。再看朱砂色是否发亮，如发亮就是胶多了，需要再加朱砂粉。涂色时注意"薄中见厚"原则。

上朱砂时平涂即可，这里主要指花的部分。下面部分叶子因为是由红变绿，还有变黑的部分，因此朱砂可以根据所需，涂染部分叶片。叶片绿色部分用石绿（三绿）；黑色部分使用高温结晶颜料的黑色。

（5）染植物的结构

染植物的结构，就染花与叶的凹凸部分，主要是凹处，用的颜料是颗粒较粗的深红色。粗颗粒颜料中国古代是不用的，它是受日本画现代颜料启发而制造的中国画颜料。之所以使用粗颗粒颜料，是因为一品红的花和叶不同于一般，它质感粗糙，没有一般的花那么细润。粗颗粒颜料使用时要注意需松散涂上，不能涂太密，涂太密集会堆高，效果就太突出，而没有凹下去的感觉了。

一品红中渐变的叶片中是没有黑色部分的，但是有深色部分，为画面的黑白灰效果，将叶片中深色部分用黑色高温结晶颜料涂上，也是较松散地将黑色粗颗粒颜料统一的办法。

（6）花盆

下面的花盆用了蓝白竖条相间纹样，颜料使用了蛤粉和石青，但感觉太突出，因此在蓝白条纹上也加了粗颗粒的高温结晶颜料，涂法是更松散的粗颗粒，以便在黑粗颗粒下透出原有的蓝白色条纹。

（7）涂背景

沿着一品红整体轮廓和花盆的四周用日本"吉祥"牌金色（即加胶的金云母）加水略稀释后，用稍大的白云笔涂。先涂四周，注意不要碰坏墨线。背景上的金色不规则肌理是用大写意用笔，随其自然走笔形成自然肌理。

（8）花蕊

因为一品红的花蕊应当是此画的"画眼"，是点睛之笔，原计划用金色。由于此画背景上已有金云母，再用金云母就不够亮，也不够突出。所以我决定用金箔。绘制技法要点是先将金箔隔着二层夹纸剪成花蕊形式的大体形状，再将各个花蕊用胶液点出细小花蕊之形，再将小块金箔贴上去，待干透后，将多余之金箔用软笔轻轻扫去，已粘上去的金箔就形成所需要的小金点，也就是金光闪闪的花蕊。

至此全画完成。

《月下芭蕉》

我太喜欢南京天王府那株老芭蕉树了，还有在老芭蕉树上面生出的嫩芭蕉叶，就像早些时候那些残荷叶一样在我心底深处引起共鸣。老芭蕉题材我画了一系列，此幅《月下芭蕉》是其中之一。我已画了以石黄为主色的《老芭蕉》、以贴金箔为主色的《金芭蕉》等，这次画月光下的芭蕉可用上石墨（矿物颜料，金碧斋颜料厂称"瓦灰"）。自从了解于非闇先生考证出已失传的古代使用的石墨（古称"黑石脂"）以后，这种很美的略有晶体闪光的深灰色矿物颜料，让我很想将它用在适合的画上，我曾数次将石墨用在重彩画的背景上，效果不错。这次我将石墨用在月光下的老芭蕉上，画成后感到银灰色衬托出月光下的石青色小芭蕉是协调而美丽的。晶体矿物制成的绘画颜料其本身就具有材质美，因此被古今中外的画家选作高级绘画颜料。美妙的材质、美的矿物颜料是具有象征性的，它并非只具有"观物取象"的功能，它又是中国画的"随类赋彩"的主观精神的另一取向。

此作品的技法与画材

（1）此画选用温州皮纸作为依托材料，此纸用背面，因其纸性半生熟故可产生部分小写意效果，又因其纸背面有涩感所以挂得住石色。

（2）在皮纸上拷贝完铅笔稿，先托上两层生宣纸，将托好的铅笔正稿四周粘在已定制好的画板上，待其干燥即可开始作画。

（3）勾勒墨色白描正稿。重彩画的白描勾勒与一般白描画不同，需要简练，因为它要给色彩留有空间，因此其墨线宜疏不宜密。也可以说重彩画的墨线稿只起轮廓的作用，画中造型要靠色彩的渲染等技法来解决。墨线还要考虑此画是以绘画性还是以装饰性为主，绘画性强的墨线要细，甚至直接形成没骨效果；装饰性强的墨线要粗一些，其渲染技法较少，形成单线平涂的效果为好。

（4）此画是绘画性与装饰性相结合的艺术效果，所以要用墨色渲染老芭蕉的叶片。具体方法是用清水先喷湿全画，待半干时用淡墨色渲染老芭蕉轮廓的外沿，使外沿形成约2厘米的淡墨色虚边，以显示夜色的朦胧感。也可用淡墨色渲染老芭蕉叶的结构，虽然这些结构以后会被矿物石墨色遮盖掉，但是渲染后会对老芭蕉叶的结构有深入的了解，对以后用石色再渲染有先期理解是有益处的。

（5）用石墨画老芭蕉叶片，并非用石墨色平涂，而是根据叶片的结构与生长规律用笔，即根据叶片的脉络生长方向用笔，这样画的叶片更加真实生动。老芭蕉的叶片渲染是用一种深蓝色的石青，

月下芭蕉
蒋采蘋
76cm × 76cm
1995 年

技法是用了山水画的皴法，不是工笔画的中锋勾勒，而是侧锋用笔，这与已干枯的老芭蕉叶片的涩感相近。

画幅前面的小芭蕉叶用的是三青石色，并不追求光影，而是真实地画嫩叶的具体结构，包括一些细碎小结构正是嫩叶尚未全舒展开来时的特点。

此画用新生出的嫩芭蕉与枯萎的老芭蕉作对比，正是自然界中生生不息的景象。宇宙中的生与死都是灿烂的，已枯死的老芭蕉叶用稍有闪光的石墨色，小芭蕉叶用宝石级的蓝铜矿制的石青色，以二者的色相之美来表现生与死的主题。

（6）技法与画材从来都不是孤立的，而是与画家从构思到制作过程的每一步骤都密切相关联的，都是画家情感与审美的体现。

《野柳夜色》

1996年夏天，我于台北市郊区的野柳公园游览写生。野柳公园在海边，有许多被海水冲刷而成的形似蘑菇的怪石，但我并不感兴趣。唯有来到一处小港湾时，我顿生画意，坐在岸边写生一小幅色粉笔画。当时骄阳当空，海水在港湾内十分平静，港湾内映下的阳光倒影被我记录下来。1997年，我念念不忘野柳公园那个小港湾的景色，就根据记忆用色粉笔画了《野柳夜色》。我将骄阳的倒影改成月光，认为这样才更有意境与情调。艺术上的表现借鉴了李可染先生浓墨重彩的《万山红遍》，只不过我画的是工笔重彩，李老画的是写意重彩。我在20世纪50年代是聆听过李老亲自教导的，所以也敢于尝试画一幅山水画。我先画了一小幅工笔重彩《野柳夜色》，尺寸为长67厘米，宽67厘米。但在1998年夏，我与潘世勋在台湾地区举办联展时，此画被一位当地收藏家收藏。2013年北京举办纪念李可染先生作品展时，我又重画了一幅尺寸为长160厘米，宽160厘米的同题材画参展。

此作品的技法与画材

（1）我选择了山东莒县制作的成品尺寸为180厘米×180厘米的日式二联屏风做基底材料。此屏风是用日本制造的绢，材质近似中国宋代织造的粗丝绢，或称为原丝绢，即没有经过砸硾的绢。因屏风已经全部制作完毕，绢的四周已经裱好很美的锦缎边，所画前要将锦缎边全部用不干胶贴上，以免上色时会污染它。

（2）选择颜料

首先我选择的墨色为松烟墨，因松烟墨色是冷墨色，不能选暖黑色的油烟墨。只有冷黑色的松烟墨才能与石青相配，如用暖黑色的油烟墨，会在石青的冷蓝色的对比下变成熟褐色。

此画描绘夜色，我选择了三种不同色阶的石青色：一种画山石；一种画天空；一种画远处礁石。还有白云母颜料，我选用日制塑料管装"吉祥"牌银色（即白云母制），为水胶质，不宜用进口的丙烯云母色。以白云母表现港湾内月亮的倒影。

（3）墨色山水骨架

先用松烟墨锭在砚池中研磨成墨汁。因绢是熟绢，很光滑，墨汁需要很牢固。何况墨色画完以后还要上石青色，这种多层次的画法墨色不牢固不行，因此选择此墨。我以焦墨为主，焦墨的胶性大且很牢固，而石青色的色彩很浓丽，不用焦墨难以压住。

具体步骤是用焦墨先勾勒出山石大轮廓，再根据山石结构皴擦点染具体结构，一如水墨山水的画法。直到形成一幅水墨山水画后，才考虑上石青。

（4）上石青色

野柳夜色
蒋采蘋
160cm×160cm
2013 年

选择较深的石青色，但也只是三青。将此三青色粉在白瓷中号碟中加胶液与色粉调合好，要略浓（色与胶都要浓一些）。因为是在熟绢上作画，胶轻了易脱落。用石青要先在画上不显眼之处试一小笔，待干后看看胶是否合适再正式下笔为宜。

用石青色的笔也应当像用墨色的笔一样，在画山石结构时用皴擦点染之法，这样才能使山石整体感觉比较厚实和有分量。而不是一般青绿山水那样，只在墨色的山石结构上薄薄地渲染一层石色。我的这种画法是受到李可染先生画《万山红遍》时用朱砂石色技法的启发，他是"浓墨重彩"法，是他特有的、有创造性的技法。

用石青色（稍浅的一种，或可称四青）画夜色中的天空和港湾内平静的海水的颜色。可以说是王勃诗中的"秋水共长天一色"的境界。此天与水都用平涂法，只月光倒影还是留出画白云母的地方。水的部分如果全用石青画满，以后上白云母时会翻起下面的石青来，就不好处理了。

（5）水中倒影

我原用纯白云母色画月光倒影，试了几笔感到过于明亮了，就重调白色，用蛤粉加白云母，都是日本制的管装已有胶的颜料。白云母加蛤粉后颜色就不太明亮了，在画上试了一二笔感到合适才画下去，直至画完。此水上反映月光的波纹，全依照当时写生稿，不敢乱改。只是从日光改为月光而已。

（6）月晕

画中不需要有月亮，只有月晕即可。这又是含蓄和神秘的气氛所要求的。我选择的"珍珠粉"是在秦皇岛所购，实际也是蛤粉，只是更细润一些。我是用此粉对着干擦上去的，用手指蘸珍珠粉在石青底的天空上抹上去。手指要轻，不可过度用力，避免将下面石青抹掉。这样使用干粉是因为水色的渲染法无法达到如此均匀透明的效果。

至此全画画完，蓝色调的全图显现出美丽的月夜港湾景色，非常宁静的夜晚，只有远处一小组海浪显现出是海边，有一点动势，使全画略显活泼。

技法往往与画家的感情和构思结合在一起，技法和画材是为画家的创作服务的，画家不是技法和画材的奴隶。如果画家在作画时感情浓烈，激情一贯到底，自然会有意想不到的技法出现。

参考书目

1.于非闇著，《中国画颜色的研究》（1955年2月第1版，朝花美术出版社）

2.蒋玄怡著，《中国绘画材料史》（1986年第1版，上海书画出版社）

3.[法]克劳德·伊维尔著，张汉明译《油画技法·古方今用》（1994年5月第1版，台湾伯亚出版事业有限公司）

4.王根元主编《矿物学》（1989年6月第1版，中国地质大学出版社）

5.张志军著，《秦始皇陵兵马俑文物保护研究》（1998年4月第1版，陕西人民教育出版社）

6.[日]小川幸治编著，《日本画·画材与技法秘传集》（2008年初版，日贸出版社）

7.[英]克里斯·佩兰特著，谷祖纲、李桂兰译，《岩石与矿物》（2007年第2版，中国友谊出版公司）

8.[英]卡利·霍尔著，《宝石》（2005年第2版，中国友谊出版公司）

9.陶青山著，《陶艺釉药》（1984年第1版，台湾武陵出版有限公司）

附　蒋采蘋项关于画材与技法的论文与专著汇总

1.《工笔人物画技法》（1988年第1版天津人民美术出版社）

2.传统颜料云母粉的挖掘与再使用（《美术》1989年7月）

3.现代日本画颜料与中国画传统颜料（《世界美术》1992年3月）

4.工笔重彩画与传统颜料（《美术》1994年7月）

5.中国传统石色与现代石色（《中国画》1995年）

6.中国画传统水色与现代水色（《中国画》1995年）

7.中国画金属颜料及其应用（《中国画》1995年）

8.中国画用胶种类及其应用（《中国画》1996年）

9.《中国画材料应用技法》（1999年第1版，2001年第2版，上海人民美术出版社）

10.《名家重彩画技法》（2001年河南美术出版社）合著者：蒋采蘋、上野泰郎（日）胡明哲、许仁龙、张导曦、唐秀玲、郭继英

11.《工笔人物技法（新编）》（2003年浙江人民美术出版社）合著者：蒋采蘋、唐秀玲

12.《蒋采蘋文集》（2004年中国文联出版社）

13.《日本美人画赏析》（2012年9月河南美术出版社）

第八章

当代十三位画家重彩作品点评
及技法讲解

万里长城
许仁龙
438cm×825cm
2002 年

崇高辉煌——《万里长城》创作观念及技法介绍

许仁龙/文

　　《万里长城》悬挂在人民大会堂接待大厅的正墙，画的前景以八达岭长城的烽火台为主体部分，雄壮宏伟，重点突出，长城下的青松翠柏枝繁叶茂；中景部分燕山山脉的长城金碧辉煌，宛如巨龙蜿蜒盘旋，即将腾飞；画的远景，群山上的长城绵延不断，万里不绝，云海翻腾，东方既白。整个画面金碧辉煌，气势磅礴，显现出深远厚重的历史沧桑感和雄强博大的时代主旋律。

　　我为这幅画确定了主题和总基调："崇高而辉煌，大气而华贵。"接下来，就是如何运用材料介质和各种技艺手段将这种认识充分表现出来，并将构思中形成的主题、总基调和审美意象不断进行加工、改造，使之不断明晰完善，得到最完美的艺术形式和技巧呈现。

以下就《万里长城》的创作步骤，技法和材料做一个大致的介绍：

一、创作草图

第一稿是以长城的起点山海关及燕山山脉的长城为近景，以八达岭、慕田峪、金山岭长城为中景，晋北高原及戈壁沙漠长城为远景的全景式构图。第二稿定稿是以京畿屏障"八达岭长城"的烽火台为近景，以特写的方式突出长城崇高的主题形象；以燕山山脉长城为中景，通过云烟的掩映将长城伸展至天边。

二、放大制作

1.四张两丈二的生宣纸拼接成长850厘米，宽450厘米的画纸，用木炭条放大成长825厘米，宽438厘米的实际稿。

2.上等油烟墨块，用端砚磨成浓墨。

3.用干、湿、浓、淡墨，以书法中锋用笔的方法，勾勒出物象轮廓，再以较干的笔墨皴擦点染，塑造出物体的形象体积，远近空间。要

《万里长城》墨稿

注意的是：少用太湿的墨渲染，那样容易板滞，此遍水墨画作为基础，只宜画到七成，剩余三成，要留待上完矿物颜料后再去补充完成。

4.赭石色勾勒墨线结构。

5.淡明胶水贴金箔、银箔。受光处贴金箔，背光处贴氧化后呈现各种紫颜色的银箔。

6.上一至两遍的花青、赭石、藤黄、曙红等颜料，解决画面大的色调关系。

7.将所需的朱砂、朱磦、石青、石绿、石黄、雄黄、瓦灰（石墨）、云母等矿物颜料调胶研制备用。

8.凡亮部矿物颜料要稍厚稍饱满，要用写意的笔法笔触，不可平涂填色；凡暗部矿物颜料要薄，要稀一点，也忌平涂。唯有这样，暗部的结构才不会因矿物颜料的遮盖而含混不清、不透气。

9.局部塑造，整体收拾。在整幅画中，凡用矿物色敷设一两遍后，便要进行局部塑造，许多部分要含蓄地衔接起来。还要进行强、弱、虚、实的整体调整，以求主体突出，舒展和谐。

10.最后一步是"提醒"，在传统工笔画的技法中叫"开脸"，即把画面中应该鲜明强烈的地方，用墨或色重勾重画。

我认为有中国伟大的传统文化艺术的滋养，有历代先贤创造的经典名作可资借鉴，有当代名师，如李可染、李苦禅、叶浅予、刘凌沧等先生的亲授；尤其是自20世纪80年代以来，在蒋采蘋老师引领指导下，自己才能在水墨画和重彩画的结合上取得一点成效，探索出一条有中国当代特色的艺术道路。

蒋采蘋点评《万里长城》

许仁龙此幅巨作为水墨重彩画，这类水墨与重彩画材结合的画法比较少有。但这种画法却能体现"万里长城"的雄强之美，也避免了全部用重彩技法和石色而产生刻板的效果，从而使画面更显气韵生动。此画的水墨技法部分多用于画山势和树木，而工笔重彩只用于长城的描绘。据我了解，许仁龙在长城部分是先贴了2000张24K金箔和烧制的银箔，然后再用各类石色来涂染长城的造型，是一个很精致的制作过程。他的技法已超出传统的单线平涂的技法，而是将石色借用水墨山水画的点染皴擦法以表现出古老长城的历史沧桑之美。一切绘画技法和画材的使用都是为了表达作者的创意，只有有了创意的主题才会产生有创意的技法。

许仁龙此图的树木上还是用了不少石绿色，他那种大笔点染石绿是从整体出发的，近看画中大绿点不知道是什么，只觉得好看。但远看石绿色在画中与墨色浑然一体，增加了画面厚重感。

许仁龙

1954年生于湖南省湘潭市，1978年毕业于中央美术学院国画系。中央美术学院教授，中国词赋研究院研究员。

走过四季
唐秀玲
173cm × 157cm
2004 年

《走过四季》创作观念及技法介绍

唐秀玲/文

一、创作意图：

2004年春季，为备战第十届全国美展，我创作了第一张大幅静
物画《走过四季》。在一大团丁香花的下方，放着一杯热气蒸腾的

绿茶。这张画在第十届全国美展上获银奖。这幅画创作的动因是内心的一种感怀，人到中年，在事业、家庭等压力下，我过着不知四季的日子，日复一日。这种状态催发了我对自己生活方式和创作题材及创作样式的思考。我的生活方式面临选择，我的创作方式也面临发自内心需求的改变，静物画就这样走进了我的创作中。我用自己内心的觉知画了《走进四季》，让自己的心灵找到了归宿。

二、技法及创作过程：

1.《走过四季》创作于2004年，这是一件绢本、重彩淡彩相兼的作品。该作品在构图阶段经历了反复推敲的过程，画面结构由复杂渐渐趋于单纯，画面元素的安排也渐渐地由多变少，最后保留在画面上的，只有一块衬布、一大瓶丁香花和一杯绿茶。我用衬布将画面撑满，使画面有一种视觉的张力，由上千朵丁香组成的丁香花束，在画面上占据了很大的空间，成为夺人眼球的一个元素，画面左下方的那杯绿茶，是画面的点睛之笔，应和了走过四季的主题。大幅创作在制作前，先设计小色彩稿是必须要做的。我为这件作品设计了一个中高调，色彩倾向为冷调，并有少量的暖灰颜色作为调剂，以便使画面丰富。色稿设计的作用，一方面是确定画面大的色彩关系和大的调子关系，另外一个作用是根据色稿上所呈现出来的画面物象的形状及节奏，对线稿中不恰当的部分作及时调整，毕竟有许多问题在线描稿中是看不清的，当线稿以黑白灰的形式和色彩的状态呈现时，画面结构上的问题就会明显地呈现出来。在此基础上，我根据色稿中所反映的问题，对已经完成的线描稿做了19处修改，从而有效地避免了将这些问题带到最终的画面里。

2.该作品开始制作时我采用了传统工笔画的绘制方法，在勾线完成后，我用淡彩的方法开始分染，因为分染更容易使花本身和花与花之间、花与叶之间的关系凸显出来，最终达到既丰富又微妙的效果。我试图用传统工笔淡彩与现代工笔重彩技法相结合的手段，表现当代图式和现代理念，营造出既符合当代审美又具有展厅视觉效果的画面。

3.画面中的花是用凹凸的方法染出的，这样做既保证了每一朵花的变化，又保证了花的整体效果。而叶子的制作则采用了自己创造并常用的一种技法——错位染，错位染是一种独特的分染方法，它与传统工笔画渲染物象的结构、转折或凹凸关系不同，它既染结构又不拘泥于结构，是按画家心中的感觉和个人的一种主观秩序灵活自由的染法。错位染使画面形成了一种特殊气氛，呈现出一种新鲜的美感。花与叶子的分染，有时是在绢的正面，有时也会在绢的背面进行，因为空绷绢的目的就是为了能在正面、背面都能绘制。

4.用水色分染完成后，接下来要做的就是托色。托色是在绢的反面进行的，第一步先用锡管装的水粉白色平涂丁香花，白色涂的有厚有薄，因为完全涂平了从正面看会显得刻板。第二步就是托叶子的颜色，我用锡管装中国画颜料的三青为主调和三绿，并适量加进了水彩的蓝色和黑色，调和出粉质的不透明的偏一点绿味儿的蓝灰色，我将这种颜色平涂在叶子的反面，反复平涂了三遍后，从正面看其效果，感觉基本接近了画面所需要的那个度，而且效果相当不错，这正体现了在绢上托色这个技法的魅力，相比用水色罩染的效果，托色更显厚重和含蓄。我将叶子托色的这种效果基本保留到了最后，只对那些感觉在关系上需要调整的叶子在正面用水色做了适当的加强和补充。画面并非画得越多越好，关系到位就应适可而止。与叶子的简单处理相比，丁香花则花费了更多的精力，因为蛤粉不容易晕染而且视觉效果过于强烈，所以我在蛤粉中加入了中国画颜料的锡管白色颜料，为增加画面的质感，我还加入了部分日本的鱼鳞粉，鱼鳞粉的质地与云母相似，但更偏灰雅。我用这种调和好的白色在正面分染花瓣，因为在绢的反面托过白色，所以在正面分染时要结合托色的效果进行。

5.画面左下方的那杯绿茶和丁香花下面的玻璃花瓶，我是用水色分染、罩色加错位染的手法进行处理的，玻璃晶莹剔透质感的表现，要靠画家敏锐的感觉和捕捉来实现。

6.前面的过程虽然十分耗时，但进展还算顺利，画面最后的难题是那块桌布的处理。在我的设计中，丁香花是白的，桌布也是白的，丁香花的白单纯细腻、没有肌理，而桌布的白有一定的灰度，相对丰富微妙并有材质感和肌理感。画面设计需要思考，而画面实现则需要手段。在绢上做肌理我缺乏成熟的经验，用贴箔、沥粉等技法反复尝试，效果均不理想，直到有一天突发奇想决定在绢的背面做文章，才出现了画面最后让人满意甚至让人惊喜的肌理效果。我先将绢托裱在板上，趁湿将画面上有衬布位置的绢揭开，用贴纸的方法在托裱的纸上做了丰富的肌理，然后再将绢重新托裱回去。待干后，我用几种有一定色差的天然石色的白色粉末和绿灰色粉末等分别调胶，用泼彩和撞色的技法制作在有丰富凹凸变化的肌理上，一气呵成，取得了浑然天成的完美效果。

《走过四季》的创作使我体会到，无论是传统技法还是现代技法，都可以为我所用，前人没有的技法，我们可以自己创造。而创造的前提是，你能分析出画面需要什么，然后根据需要去思考。技法的选择和创造，对画家的能力也是一种考验。

蒋采蘋点评《走过四季》

作者此篇虽然主要写技法和画材，但她将自己创作意图丝丝入扣地做了全面介绍。包括构图、画面的整体设计，色彩小稿、细部的小丁香花的错位染、泼彩与撞色的技法以及自己在技法上的创

造，都一一详细又简练地做了说明。

作品局部

不仅如此，绘制过程也是一个继续创作的过程。我最初看到此画原大正稿时，并没有那杯绿茶，画好后我才见到她添加了那个泡有绿茶的玻璃杯。我的第一感觉是，此画是学者书房的一角，如果没有这杯清茶，那就可以是任何一个客厅的一角。这杯清茶提高了此画的境界，当然也是作者心境的升华。接着，在绘画制作的数月长时间中她保持了这种心境与技法画材的结合，使技法和画材运用的每一笔、每一色都为此境界——她自己所要的"静"的境界服务。

此画说明：保持美好的心境会产生适合的技法与颜料的运用效果。

唐秀玲

女，1956年生于山东淄博，1983年毕业于山东师范大学美术系，1994年结业于中央美术学院中国画系，1998年结业于文化部教科司主办、蒋采蘋主持的重彩画高研班，其后被聘为多届重彩画高研班教师。现为山东理工大学美术学院教授、中国美术家协会会员。

霜晨
王小晖
150cm × 150cm
1999 年

《霜晨》的创作感言

王小晖/文

　　1998年我参加了蒋采蘋先生在北京举办的首届重彩高研班。
《霜晨》就是在我学习之后运用矿物颜料创作的第二张作品，那一
年是1999年。之后入选了第九届全国美展，并获铜奖。

1998年，经过一年的学习，我对绘画材料拓展了认识。当年面对绘画材料的改变，新材料的产生，绘画形式也发生了重大的变化，同时也带来了许多画家绘画风格、绘画语言的变化。

我想这场材料的革命，也影响了我的绘画理念和审美方向。新材料的出现与运用，一批面貌全新的绘画形式的作品问世，引起了美术界各方面人士的关注与好奇。随着学习这种绘画的人多了起来，创作构想与材料选用趋向多样化。

我喜爱有关历史革命的题材，尤其对于战争中的女性，我怀有一种特殊的情感，心中涌动着要表现她们的激情。

对于战争，我们这一辈的艺术家是没有直接体验的，这是我们很难真正体验和准确把握战士们的内心世界的原因。尽管我一直努力接近遥远战争之中战士的内心，但在描绘他们时还是有种时空的隔阂。我期望通过对影视中当年的记录影像，去观察感受，试图以自己的人生对照去体验描绘女战士的内心世界，以期拓展我对历史人物的视觉空间……

新材料重彩的出现，拓展了我的思考空间和绘画领域。

于是在感觉中，我以隐约、苍茫的视像，逐渐延伸对历史空间中女战士的视觉感受——那个时代的女军人特有的浪漫与坚强。

西方哲学家海德格尔说人要诗意地栖居于大地上。创作源于生活，也源于我们的诗意。

我想借助重彩那浑厚的色泽和颗粒的肌理美感表达生命的美好与精神气质，并且努力以浪漫的语言避免表现过于凝重的画面，我采用了金刚砂、云龙皮纸、闪光颜料、云母、矾，选择了抽象空间与具象人物合一的途径，并运用了传统中国画薄中见厚的绘制方法。我想要表达的是女红军战士在硝烟弥漫的早晨，步入征程的瞬间。

蒋采蘋点评《霜晨》

我们在画中见到的是三位知识女性面貌的革命者，有人还戴着破碎的眼镜，她们在战争的浓烟中向我们走来。使我们马上想到赵一曼、江姐等革命烈士的坚毅而又崇高的风采，正如王小晖在她自己文稿中所说的这是"革命的浪漫"和"人生的诗意"。此画在众多的全国美展作品中获铜奖不是偶然的，因为它打动了观众和评委的心。

为了表现好这三位女性革命者，作者创造性地使用了传统的和现代的画材，如云龙皮纸（此纸保留了不少植物纤维，使背景中弥漫的烟雾显得自然）。作者选用了有光泽感的颜料——云母、金刚砂等，使画面有闪动的美感，从而产生浪漫和诗意的情调。作者也没有追求什么出奇制胜的技法，只不过在画面上渲染出光感和霜晨中的虚实对比，她的技法使描绘的战争环境真实自然，当然也有一种浪漫和诗意的美。

王小晖

女，山东艺术学院教授，硕士研究生导师，中国美术家协会会员，中国工笔画学会理事、中国美术家协会重彩画研究会理事。

神系滇疆
郭继英
300cm × 600cm
2009 年

《神系滇疆》的技法、画材介绍

郭继英/文

《神系滇疆》这幅作品创作于2009年，是我归国任教于首都师范大学美术学院后，带领我所主持的第二届重彩画材料技法研究与创作高研班全体与第一届部分学员，受云南省委宣传部、省文联、省文化厅之邀，赴云南省各地采风后回京为上述单位所制作完成的"神系云南书画巨屏创作"系列之一。

首先从内容与立意上而言，在构思与构图上，我本着打破现实空间和时间关系的束缚，将一路采风中非云南莫见、典型反映滇疆特色的景与物浪漫地用构成的手法集中于一画——如高耸入云、万年银装的玉龙雪峰与根繁叶茂、一木成森的榕树林横贯于画面，并间有祥云缭绕，于此之上是数只飞翔中的孔雀，若非去过瑞丽孔雀园的人确难得见此奇观，它们犹如曼舞于天的凤凰，同时拱卫着画面正上方的一轮明月，月亮中间是著名的孔雀舞姿的少女简影，使人联想起嫦娥奔月的神话传说，更添"神系"之感。画面下方的碧溪之上如阳光四射的孔雀开屏后面是当地人公认的象征着民族大团结的三角梅花簇，对于拥有包括汉族在内25个民族的云南省来说，不仅是特色，更可称为全国之最。

在画面整体色调的把握上，该作品采用了以土红和金色为主的暖色调，其中背景上的土红色是我们一路所见云南沃土的代表色。也有人曾说云南的土地之所以显赤，是因为植被太好在视觉中的补色原理所至，我以为其实不尽然。因为这背景色就是使用我们于当地采回的红土所绘，其确实呈现着独特的赭红色调，最终达成的画面效果和表现上的准确性超乎了我的想象。此外，占据了整个画面近五分之三面积的内容都采用了近于传统壁画中沥粉贴金的表现，其包括榕树、飞翔和开屏的孔雀等，这大量金色的使用不仅仅是为了达到壁画金碧辉煌的装饰效果，更重要的也是表现内容的需要，我认为中国传统色彩表现中金银等金属色不仅仅有显示富贵与富丽之功，更多的还是其为"非现实色"的代表。

材料技法运用上的尝试，背景色上如前所述，是我在采风过程中不断思考之上的灵感所至，于是赶路中遇合适之地便即兴让车队停下来，带领同学们采土，说来也是天意，公路边的坡后竟然是个砖厂，那里有附近各地拉来层层堆积作为原料的土山，除为主的红土外，亦有分层别色的其他土壤，于是分别采之，乃至过重难负，仅寄回北京的邮费就花了一千多元，其中诸多冷色相大量用在了另外一张以表现人物为主的壁画之中。从材料研究的角度而言，土质颜料（在日本亦称"泥绘具"）虽同属于矿物质颜料，但由于其覆盖性不强、落笔性较差等原因，实不易用于细致刻画部分。而其易得、廉价、色相朴雅丰富且性质稳定的特性十分适用于背景或大面积平涂部分，只是需少水分、多遍数纵横的薄涂才可得较好效果。另外，画面中面积最大的金色部分全部都是在白描基础上以粗颗粒矿物颜料勾出沥粉效果后再复以金云母醒线而得，此乃是受传统壁画中沥粉贴金之启发下的创新尝试，其意义有二：首先，就量而言，传统壁画中只是局部用之，而我们的画面中该部分面积之大，单就制作的工作量上便不堪重负，加之线条密度之高，于技法上亦不足以实现；再者，我认为所谓技法亦称技巧，方乃近艺，硬画必至匠气十足，且事倍而功半。因此便导出了第二种思考与做法，以粗颗粒颜料用毛笔遵骨法、重气韵勾线，虽技术上有难度，然而既可得近于沥粉之肌理效果，同时亦不失中国画用线的特殊审美要求，再以便于用笔的金云母沿其上复勾，既可近沥粉贴金之效果，更强调了绘画性。其实古人的沥粉贴金之法本来大都用于衣饰等局部的装饰部分，故更多是出于装饰性的表达，以丰富画面的质感，但不会破坏画面整体的绘画性。除此之外，再如月亮的色彩亦非写实表达，使用的是传统绘画中常用的天然石绿，而且为表现其质感特色采用了富于变化又不失结实的皴法完成的。画面中唯一的五彩色部分一完成，顿显厚重、响亮。起到补色对比作用的三角梅也是在粗颗粒勾线的基础上用天然石青与蒋采蘋先生开发的高温结晶颜料雪紫（因为紫色系于天然矿物色中罕有）于其上积色而成的。开屏的孔雀之羽是在同样勾线肌理之上贴以银箔再氧化之后得到的有别于其他金色部分的表现，但可惜的是氧化中所得的部分蓝绿色调在定色时几乎尽失，因已无时间修改，甚憾。

　　如上所述，该作品在上述材料技法等绘画本体研究上所下的诸多功夫，使得整体上平面装饰的画面构成内含了丰富的绘画性。足够的厚重感与视觉冲击力，在对传统中国画重彩表现的继承与创新的把握上，虽今天看来尚有不足之处，但当时确也竭尽了努力，这也许便是我们在这张作品整体艺术追求上有自信的依据和受到大展评委肯定的所在。在今天的中国画发展过程中，特别是在被长期忽略了的以传统壁画遗产为核心的重彩表现的继承与复兴之中，我们做出了大胆的尝试，迈出了踏实的一步，做出了应有的贡献。若此刻的回顾与总结能添几分抛砖引玉之功，甚幸。

蒋采蘋点评《神系滇疆》

郭继英和他的团队共同努力完成了此巨幅作品。此画入选了第十届全国美展的壁画展。

目前重彩形式壁画创作不很常见，也许是因为重彩画用矿物颜料成本较高而多用现代丙烯色之故。郭继英在《神系滇疆》中选用了云南当地的红土（即土红色），也是传统用色之一。例如敦煌的《鹿王本生图》就是用红土做背景的。他们都是就地取材（敦煌壁画从北魏时期开始就大量使用泥土颜料，目前已发现多种"敦煌土"）。

郭继英用粗颗粒石色或高温结晶色勾线是他具有创造性的特点。他虽然在日本学习和生活十多年，而日本画大多是弱化线条，但他仍坚持中国画突出线条、用线造型和组合线条构成画面的特点，在中国留日学生中是少见的。而他又在粗颗粒组成的线条上再贴金属箔，是中国传统壁画中的堆金沥粉法的又一次创造性地运用，新技法亦为此画增色不小。

郭继英

1959年生于内蒙古包头市。1982年内蒙古师范大学美术系毕业后留校任教。1984年—1986年中央美术学院蒋采蘋工作室进修。1994年日本多摩美术大学研究生院毕业，获硕士学位。

现为首都师范大学美术学院副教授、重彩画工作室主任，中国美术家协会会员，中国美术家协会中国重彩画研究会副会长。

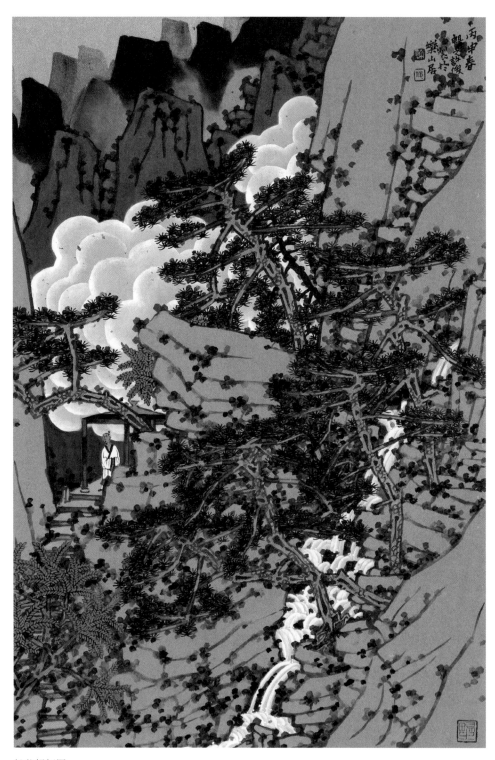

松谷抒怀图
许俊
68cm × 45cm
2016 年

青绿山水画创作技法简述

许俊/文

我们今天所说的青绿山水已成为中国画范畴内一个有特定含义的专有名词，从更广泛的意义上说它还包括山水画中的工笔山水和重彩山水。中国画中的重彩画本身也有两种含义：一是指画面体现出的色与墨的对比为色大于墨且用色浓重，二是作画时使用天然矿物质颜料。纵观中国绘画史，关于色彩认识上的缺失，主要是"文人画士"认识上的缺失。我们是否可以跳出"文人画士"案头绘画的界地，去审视中国绘画发展的全貌，比如纵观一下传统壁画的发展，你会发现那是一片灿烂的色彩世界。甘肃的敦煌莫高窟、山西的永乐宫、北京的法海寺、河北的北岳庙等壁画就足以给我们留下太多的思考。先贤们不但造就了笔墨的艺术形式和审美的超前意识，也创造了色彩造型的高妙理法，其超前意识也是不小于笔墨之功的。纵览中国美术史发展的全貌，青绿山水在体现人与自然的融合的山水画中所起的作用也是功不可没的。重新审视青绿山水发展、兴盛与衰落的历史现象，有助于我们解读唐宋画风，还中国山水画以完整的面目，重温唐宋时期重彩画的辉煌，又给当代山水画的发展与创新提供了很大的空间。王国维在《人间词话》中说："入乎其内，方有生气；出乎其外，方有高致。"学习中国画研习传统就是要"入乎其内"，它是"出乎其外"的先决条件，是行之有效的途径。要创作出既有传统又有新意的作品，不了解传统之法又谈何创新？从青绿山水画在隋唐时期的兴盛开始，便在整个山水画发展史中出现了一些有代表性的青绿山水画家并留传下有代表性的作品，为我们深入地研究青绿山水，提供了宝贵的资料。

　　青绿山水在发展，当代山水画家们在做着各自的努力，追求着个人的绘画风格和艺术语言，使山水画的着色不只局限在唐宋传统着色的方法上，也证明了中国山水画的技法和表现形式是在不断发展变化的。我们在宏观上要把握文脉，微观上要精研画理，这样才能创作出具有时代特色的作品，创新之路就在我们脚下。听山水之清音，畅山水之情怀，悟山水之真谛，还山水之本色。

　　下面简述我创作《松谷抒怀图》绘画步骤：

　　这幅画是想表现山谷的松风之声，此为立意。为求绘画语言的单纯、简练和明确，只选取松、山、云、瀑、亭几种物象构成画面的主要形象。我选取淡褐色的仿古宣作画纸，用中号狼毫笔以较浓的墨色勾勒山石的轮廓，以比画此山石略淡的墨色画树。如果初学者没有较强把握能力的话，可先用木炭条在宣纸上起稿，落墨后再用布条掸去木炭的痕迹。山石的用线要生动，笔笔之间不能咬得太紧，要给后面的皴染着色留有余地。画松树要注意树的姿态，可用拟人的方法表现松树在山间云间舞蹈来强化主题。用小号狼毫笔画亭子并勾出点景人物。

　　为表现云的轻柔和水的流动，不勾墨线，直接以中号白云笔（也可用羊毫笔）用白粉分染画成，此为"没骨法"。待画完流云后，以狼毫笔用浓破淡、淡破浓之法画远山。远山以勾染结合的画法与前景山石形成对比，增强其空间感。用白云笔将树干、山路、亭盖及人脸处着赭石色。远山用羊毫笔以花青打底色，山石的着色要按山石的结构用笔。着色平涂即可，注意用色一定要薄，干后如觉色度不够可再涂一遍颜色。山石应尽量少皴，可用狼毫笔（最好选用已无笔锋的狼毫笔）点墨点丰富画面，增加结构变化。点墨点时，要有干湿浓淡的变化，要注意疏密和节奏。

近景山石用羊毫笔以汁绿打底色。汁绿以花青加藤黄调制，汁绿颜色打底色要薄，可分几次完成。着色时，除汁绿外尽量不要调色，以单色的罩染和复加为好，这样可以保持颜色的透明度和色彩的纯净。亭子的框架着胭脂，干后再罩淡墨。

待山石底色完全干后，用小狼毫笔勾松针和夹叶。第一遍勾松针不要太密，要给后面着色和附加留有余地。用白云笔将天空平涂金色。

打过汁绿底色的近处山石，以石色二绿分染山石阳面。平涂过花青底色的远山，以石色二青分染山之阳面。分染亦可分几次完成，每次分染一定要等前次分染完全干后再进行。

近景山石待分染干后，再罩染汁绿。远山则罩染花青。注意罩染用色要薄，也应分几次完成。每次罩染时，应等前次颜色完全干后再进行。用花青给夹叶打底色，平涂即可。

用白云笔沾石青以填色法画夹叶。在树与石之间打墨点，丰富画面且作虚的处理。以淡墨点染山石，以浓墨提勾松针。近景用汁绿或淡石绿罩染，远山以花青再罩染。分染、皴墨、罩染应反复3遍至5遍，直到使画面墨之厚重、色之清润达到最后的协调统一为止。

用小白云笔给亭中人物着白色，同时可给瀑布点水花，增加水的流动感。以淡墨在平涂过金色的天空上加远山，丰富层次，使平面的远山增强空间感。

最后是题款、盖印，至此全画完成。

蒋采蘋点评《松谷抒怀图》

唐代李思训和李昭道父子的青绿山水、金碧山水灿烂辉煌的原作我们今天是见不到了。宋代王希孟的《千里江山图》也只能属于小青绿的范畴。许俊独具慧眼，多年前出道作品就以几近失传的大青绿山水画引起学术界和观众的关注。

许俊的青绿山水画在审美上从未追求过新奇怪绝，而以宁静深邃的意境和审美入画。他的技法和用色也是立足于同样的追求上。他平时经常外出写生，又以散文游记来记录和抒发自己的胸怀。他以传统高远的艺术图式构成画面，并具有现代绘画的构成之美和装饰之美。其用色单纯，以大片的几近平涂的石绿为主调，间以墨色点。全画的色彩从黑白灰的关系、节奏感和旋律感方面上讲是颇具匠心的。

许俊

1960年生于北京。1980年考入中央美术学院中国画系，1984年毕业创作获叶浅予奖学金。现为中国艺术研究院中国画院副院长、教授，中央美术学院中国画学院外聘教授，中国美术家协会中国重彩画研究会副会长，中国画学会理事，中国美术家协会会员，中华诗词学会会员，重彩画高研班教师。

瑞雪
潘缨
90cm×73cm
2001 年

《瑞雪》技法、画材介绍

潘缨/文

　　此作品以中国少数民族为主题，绘画风格清新独特，自创一种
独到的没骨技法。我近年来的重彩画作品也同样呈现出与众不同的
个性，浓重的矿物颜料被运用出鲜活流畅的动感。

这幅重彩画表现的是彝族妇女踏雪出行的场面。

目前天然矿物颜料除了比较常用色彩强烈饱和的如石青、石绿、朱砂以外，还开发出了许多灰色调的颜色，因此重彩画不仅可以表现鲜艳富丽之美，同样也可以表现优雅柔和之美。

本幅作品没有采用任何特殊技法，但因为底层制作的比较成功，后面的制作也变得目标明确，技法的运用简洁而流畅。最后的效果证明，正因为技法的简洁和平涂颜色的稀薄透明，整个画面最终统一在云母底层的柔和闪光之中，有一种特殊的美感。

底色制作：

采用日本云肌麻纸，先涂胶矾水，干透以后均匀平涂用胶调制的蛤粉，干后平涂用胶调制的白色细云母粉，制作成有微妙闪光的基底作为画面的底色。为了将底色的厚度和表层云母的闪光控制在比较合适的程度，我采用少量多遍的方式制作蛤粉涂层和云母涂层。

画面技法：

技法采用了传统的勾线平涂技法，颜料使用了天然矿物颜料，但平涂时色彩全部调制得比较稀薄，涂在云母底色上呈现出半透明的效果，云母透过矿物颜料依然呈现出一定的闪光。

勾线使用了淡墨，以求线条在整个浅色调的画面上显得柔和，保证画面的整体性。

最后用制作底色的白色云母滴撒在画面上表现雪花，雪花的布局根据构图美感和表现人物的需要做了精心设计。

蒋采蘋点评《瑞雪》

四川大凉山彝族地区不是高寒地带，下雪不多，故在雪花纷飞之时，彝族人民其欣喜之情可以想见。

　　此画的总体色调为中灰色，是适合雪景中的景色与人物的画面的。作者又充分掌握了传统重彩画法中"薄中见厚"的原则。从做底色开始的蛤粉和云母就是多层一遍遍地薄涂，最终达到理想的厚度和云母的亮度。而云母的微闪效果也不是一遍就能达到的，因为云母加胶水后就看不到闪光了，只有全干后才能了解它的闪烁程度。因为云母是透明的，用多了会过亮，用少了又不够亮，只有多遍薄涂和实践才能掌握它的厚度和亮度。

　　包括画中人物的衣服也是采用"薄中见厚"的原则绘制的。作者使用天然矿物颜料涂染衣服时也是用稀薄的画法，其目的是使衣服颜色下面能透出云母的微妙的闪光。作者对全画的气韵把握较好，这对传达全画的境界是重要的。

潘缨

　　女，满族，1962年生于北京，1983年毕业于解放军艺术学院美术系中国画专业，2006年毕业于中央民族大学中国少数民族艺术专业获博士学位，1987年至2008年任教于中央民族大学美术学院硕士生导师，现任中国艺术研究院中国画院专职画家，国家一级美术师，中国美术家协会会员，中国民族美术艺委会委员。

僾尼少女
赵栗晖
65.2cm×53cm
2001 年

《僾尼少女》创作、技法画材介绍

赵栗晖/文

《僾尼少女》的创作初衷

　　我出生在渤海之滨，也曾经在甘肃敦煌工作过。初到云南，感受到的是一种截然不同的心境，如果说西北给予人的是一个熔铸性格，发千古之幽思的所在，那么云南的"青山绿水红土地"则带给人一种梦想与现实交融的超然感受。

记得那次写生，一路上经过许多少数民族聚集的村寨，一直来到有"边地绿宝石"美誉的孟连县，这里位于云南省西南部，我们一路前行，来到山顶上一个几乎与外界隔绝的僾尼族村寨，很快就被那里的人们所吸引，随即产生了一些创作上的想法。

《僾尼少女》一画取自在那里的黄昏印象，小姑娘的圆脸庞与身后生命力顽强的蜀葵花形成了一种呼应，藏蓝色的土布衣服与黄昏时的夜色融为一体，在画面上营造出情景交融的景象，我不着力描绘面部的结构关系，而注重神情的刻画，极力追求与带给我内心的感动相契合，以大小面积不等、散碎、漫漶而跳跃的色块来衬托出中央平静深邃的面部神情，用以繁托简，以动衬静来达到人物传神的目的。

在作品的创作过程中，摆布画面结构，推敲造型及形与形之间的关系，处理画面色调及色彩间的关系，都是为了作品所具有的感染力，使作品因着传神而传情。

《僾尼少女》的绘制过程

完成于2001年的重彩作品《僾尼少女》采用的是来自重彩壁画的绘制技法和临摹壁画总结出来的方法。

这幅作品我选用的是以麻纸作为画面依托材料，先用胶矾水将麻纸矾熟以便于勾线。我习惯使用中浓度的油烟墨勾稿，使第一道墨线在多层底色的覆盖下呈现为淡墨效果，线描要勾得很用心，强调用笔，讲求笔意，体现出线描的起行止的微妙变化。

孔子在《论语》中曾讲过"绘事后素"，也就是说要先有白底子再作画。几乎我所有画过的作品，都先用蛤粉打一个白色的底子，在"薄色积染"的原则下，再画土色的底子。每层均为薄涂，以最后底色完成时能透着第一遍的墨线为度。

画面的土色原料取自一种敦煌沉积地层的中间地带，品质细腻，在天津精加工的为优质土色颜料，在画面上调入明胶使用，使画面成为一个土色底，在原有墨稿的基础上先用淡蛤粉在土色底子上提白，主要集中于植物花和茎的部分以及女孩身上的贝壳珠串，再以精细的蛤粉加土色和朱膘及微量的浅石绿和细云母粉调出肤色的基调，平罩肤色。

接下来在衣服部分和植物以外的空间用书写性的用笔施以朱膘，衣服部分的朱膘色略浓一些，其中头和身上的饰物部分也以朱膘薄笼，再以稀薄的黑颜色和花青、草绿点染帽子和植物叶子部分，画出其中的变化，以朱膘、花青加钛白画珠串上的红色和蓝色，至此完成了这幅作品的衬色部分。

同传统壁画的绘制方式一样，我在肤色的基础上罩胶矾水两遍，使之便于晕染。在胶矾水干后使用淡朱膘微加赭石分染面部，面部晕染要轻，分多遍完成，使面部用线与面能够自然连接在一起。以淡墨稍加赭石染出微露的眉毛和眼睛，瞳孔处略重，向四外晕开，遍数不要多，以取得朦胧含蓄的效果，描绘过程中时刻以个人内心的感觉来把握。

在这幅作品的衣服的处理上，我采用临摹壁画中变色常用的手法，先将天然矿物石青在火上烧出由浅到深三个层次变化的颜色放入三个碟中，其中最重的接近黑色，带有蓝色倾向，加入稍浓明胶调好，用三支大白云分别蘸这三个颜色，按照衣服的凹凸起伏，从一个角开始，用接染法一次完成衣服色彩的大关系，用笔要流畅自然，富于书写性，调色要相对饱和，不能厚涂，以干后不留水迹为度，然后再局部润色、调整，有选择地复勾衣服上的线条，力求与整体画面谐调。

植物以外的空间部分，先在土色底子上散碎地撒金箔，再用比衣服用色略稀薄的烧石青色接染、点染，待干后用水笔将部分隐约的金箔洗出来，使夜空取得闪烁的感觉。

花卉部分先以植物色调成的苦绿分染花蕊部分，用笔松动自然，再以蛤粉加水晶石粉调和的白提亮花瓣部分，使之白得透亮并与暗背景的交接处产生漫漶的边缘效果，干后再用稀薄石黄水提亮黄的花蕊部分。

天然石绿也可以用烧色的方式使之变得更沉稳后再加胶使用，植物的叶片，额头上方的绿颜色都是用这种烧色点染上去的，透着下面原有的衬色。帽子的上部和饰品部分分别用天然的石青色、朱砂、朱膘在衬色的基础上再提出来。

最后再回到面部，以淡墨加朱膘复勾五官及脸的轮廓线，有些地方的复勾如同分染，复勾后用水笔将线的一边或两头染开，使线条有微妙的变化，如眉梢、鼻翼、唇线和眼线，上眼线多次复勾，逐渐加重。再以肤色加白将鼻梁至鼻尖，口唇边缘及下巴等处轻擦，使之平中蕴含变化。至此设色基本完成，在具象中要蕴含着意象的表达，时刻用心把握，不以真实为目的，以气韵为上，传神达意。

蒋采蘋点评《傈尼少女》

赵栗晖在20年前云南山区交通不便的条件下，不辞辛劳到边远山区的傈僳族村寨采风实属不易。他满怀激情，体验着艰苦条件下生活的傈僳少年的辛劳而又乐观向上的心情，以及爱伲地区繁花似锦的生态环境，在此画中都有充分体现。

此画给我的第一印象就是画中少女面部是虚的，背景的花卉也是虚的。一般画家画人物画都是用以简衬繁的手法来突出人物，而且主要要突出面部。但是画家此画做了相反的处理——人物面孔是虚的，周围的饰物纹样和珠串反而是实的。正如他自己说的"以繁托简，以动衬静"。这是违反常法而根据自己的感觉创造的新法，是"无法之法乃为至法"的体现。

画家曾在敦煌莫高窟临画学习研究三年，他对古代壁画画家使用就地取材的"敦煌土"颜料也有研究和选用。在此画中就有敦煌土的运用，其效果很好。敦煌是国之瑰宝，其宝藏也包括古代画家对画材的选择、使用以及技法，它们都是值得我们后人努力研究和学习的。

赵栗晖

又名赵耘。毕业于大津美术学院。20世纪90年代参加国家级工程"敦煌石窟文物保护研究陈列中心"特级石窟的壁画临摹复制工作，深入探究前人壁画传统技艺。现为天津美术学院中国画学院教授，硕士研究生导师。中国美术家协会会员，中国美协重彩画研究会理事兼副秘书长。

婚姻·我们
罗寒蕾
176cm×195cm
2007 年

《婚姻组画》创作、技法画材介绍

罗寒蕾/文

2007年，我创作了《婚姻组画》。一晃十年过去了，回过头来看这组画，我有了不一样的感觉。

这是单独的三张作品，表现父母、我们、女儿三代人不同的婚姻关系。每张画的中心位置，都放置了一对中式椅子，暗示着维系三代人的中国传统婚姻道德观。人物不同的坐姿组合，不同的色调体现出年代差异。背景使用了耀眼的朱砂色，大面积的红色作为底子，定下作品基调，即热烈、自由，还有动荡、危险的寓意。

作画步骤：

1.我选用的是银笺，它完全不透明，只能用自制的铅笔复写纸过稿。我用6B铅笔把草稿背面均匀地涂黑，覆盖在银笺上，用圆珠笔用力地把线条勾一遍，银笺上就留下了浅浅的铅笔印子。

2.用淡墨勾出人物线条与毛线，用浓墨勾出椅子轮廓。从这一步开始，细节慢慢地丰富起来。

3.画椅子。用浓墨干笔皴擦出结构，再用浓墨反复渲染平涂，使墨色达到饱和、深沉浑厚。黑色一定要分量足够，将来才能与红色互相映衬，更加耐看。

4.调制朱砂，我选用经过漂洗的纯净朱砂，色泽均匀、颗粒细腻。先用较稠的明胶水把朱砂揉成团子，摔打50下，添加明胶水，用指腹慢慢和开，这一步非常需要耐心，只有这样才能把颜色调制均匀。

5.平涂背景。先用淡墨平涂打底，再用朱砂平涂。我使用了分格平涂法，就是把大面积分切成许多个小方块，使平涂变得轻松。

平涂要足够仔细，认真工整地空出人物边线。平涂的笔触一定要均匀，不时用笔横扫，让色彩呈横向排列。拼接处会产生一条细线，可以用小色点修补，不被察觉。

6.用淡墨渲染人物细节，墨色尽量淡，并用蛤粉局部提亮，保留明亮的色调。使人物在画面黑白灰关系中，始终是白色块。

蒋采蘋点评《婚姻·我们》

婚姻是一个微妙而复杂的命题，很少有画家以此命题作画，更不以负面婚姻来命题。罗春蕾以女性的形象语言深刻而又细腻地来表现自己情感的某一阶段。观众看懂看不懂画中玄机并不重要，重要的是观众在欣赏画面本身的美感。

画面的红白黑三种颜色构成了黑白灰三个基本色阶，似乎是音乐中的一个和弦。强烈的黑和红二色成为陪衬，一起衬托白色为主体形象的背景。画面的主体造型是两个白描人物加少量的渲染，是又一种以实衬虚的设计。其效果非常强烈，红黑二色却退远了，白描人物突出了。作者强调的本人形象放置在画面中，成为一号人物，男性成为二号人物。夫妻二人在室内缠毛线是日常生活中的常态，但变成画面却意味深长，由观者自己去猜想吧。这似乎应当是一个文学题材。整幅画面是有美感和生活情调的。

罗寒蕾

1973年生于广西合浦县。毕业于广州美术学院，获硕士学位。

中国美术家协会会员，中国重彩画研究会理事，中国工笔画学会常务理事，广东省美协主席团成员，广东省中国画学会副会长，广东省美协中国画艺委会委员。现工作于广州画院，国家一级美术师。

冥冥
郑美秋
100cm × 100cm
2017 年

《冥冥》的技法与画材

郑美秋/文

　　"冥冥"与"昭昭"相对。昭昭指为阳、为天。冥冥指为阴、为地。这两个词表达了人和自然之间莫名的联系与和谐。我画的是一个藏族女性端庄安静的形象，就取了"冥冥"这个名字。

　　具体画法：

　　1.先选择最厚的三层皮纸（画材店有卖现成的三层皮纸），并且把它用胶矾水做成熟的。选择皮纸背面用铅笔拷贝稿子，我喜欢用皮纸较粗糙的一面。在画人物头冠、银饰、头发、项链和衣服上的纹样以及背景欢喜佛的线描，我都采用了较粗的棕色颗粒高温结晶色勾线和做肌理，这个过程很花时间。用粗颗粒石色勾线，调胶不能太轻，胶少了矿物色在纸上粘不牢，要用很浓的明胶调色。

2.待勾完的石色线干了以后，在除了人物以外的部分，涂上深色的底子。由于粗颗粒勾过的线描凸出画面，所以线描依然呈现。在深色的底色上继续画画，会使画面显得厚重。厚重感，也是我对西藏的切身感受。

3.在做好肌理的头冠和项链串珠部分，泼上最细的妃红和朱砂，水落石出后，隐隐地透出肌理，表现出体积感和质感即可。

4.银饰部分就直接贴上银箔，稍稍打磨，露出肌理，以体现出银饰上的纹样和银的质感。蓝色的衣服，用石青平涂，图案部分用银云母勾填在事先画好的粗颗粒线上。

5.头发的处理上也是一样，用细细的矿物色黑色调和红色或黄色形成深褐色，水分大些，泼在已经描绘好的发辫编织肌理上。

6.只有在人物面部的处理上我采用了水色渲染法。先用墨线仔细

绘制步骤图

勾勒五官，再用水色层层渲染。这样做的目的就是能更细致刻画人物的表情，体现人物性格。

7.背景上的欢喜佛形象来自于壁画，先用粗颗粒石色勾好线描，满贴银箔，再将银箔打掉一部分，形成斑驳的效果，模仿了壁画的斑驳岁月痕迹。然后将银箔用硫磺氧化处理使它呈现金黄的颜色，氧化银的黄色比金箔、铜箔都要暗些，显得沉稳。金云母的颜色要比氧化了的银箔亮一些，用它来修补打落没有银箔的部分，将佛像的线描展现出来，还要保留部分底色，保持斑驳的效果。

8.背景的余白部分采用明度很低的细细的高温结晶红色、黄色、绿色用刀刮上去，这样不会涂死，露出底色。这样做既和佛像的质感相协调，又能使画面平面化，减少空间感觉。

9.最后是在人物的轮廓上贴金箔，趁贴金箔的胶没干时要用鬃刷扫掉一部分边缘的金箔，这样对金箔的虚化处理，使其融入背景的金色中。主体的人物就有了一圈金光，这金光同样使人物具有宗教般的神秘感。这样，背景上也就出现了不同材质的三种金黄色，金箔、金云母和氧化的银箔。

整个画面错彩镂金，凝重神秘。

蒋采蘋点评《冥冥》

郑美秋多次去西藏采风，有人问她："你为什么去西藏画画？"她回答："因为藏族人民过的是艺术化的生活。"我理解她的意思，她认为藏族的服饰是艺术化的，房屋建筑是艺术化的，风俗文化是艺术化的，人和自然环境也是艺术化的。她没有一些画家去西藏的猎奇心理，她是去发现美。

为表现藏族多方面的美，尤其是人物的美，她的作品中的技法画材的使用就比较多样化和具有创造性、丰富性。美是需要精工去表现、去制作的，这需要工匠精神。重彩画和工笔画都具备这种精神。如果说工笔重彩是强调装饰美的，意笔画是强调绘画美的，即写意性。而将装饰和写意两种美结合在一起，那正是工笔重彩之美。郑美秋正是努力将这两种看似矛盾的美恰如其分地融合起来，形成一种现代的美感。其实也是将"错彩镂金"与"芙蓉出水"结合在一起的美，也是一种大俗大雅之美。

画家的责任是在生活中发现美，并升华为艺术之美。此画的技法意在传达画家对西藏之美的理解。她用了从老师那里学来的粗颗粒矿物颜料勾线的方法，但又在颗粒线（类似写意水墨画中的飞白）上涂色，这是一种创造。藏族衣服、纹样、银器和宝石的组合是华美的，但又是凝重的。画家在画上用金箔，但不是古典平贴的装饰手法，而是在金箔未干时将它打散，形成斑驳的肌理。她还用油画刮刀涂色法增加背景佛像的神秘感。她的种种技法的尝试都不是为技法而技法，为画材而画材，她是为了追求藏族的艺术之美。这种美是既华丽又典雅的，是既大俗又雅致的，就像前辈潘絜兹所说："大俗大雅才是大美。"

郑美秋

女，1974年生于辽宁。首都师范大学艺术硕士毕业，现任本溪画院一级画师。中国美术家协会会员，中国艺术研究院特聘研究员，近些年深入藏区，积累大量素材，创作了以西藏人文自然为题材的绘画作品。

清气满乾坤
梁夕子
160cm × 80cm
2017 年

《清气满乾坤》的技法与画材

梁夕子/文

在我的记忆里，乡下的春天给我的印象是最美的。小时候最幸福的事情就是周末回到奶奶家，整个春天宛如一幅巨大的织锦，渲染着那种令人神怡的婉约。"繁枝容易纷纷落，嫩蕊商量细细开"，这是杜甫眼中乡下的春天。春天浪漫的气息，诱发着人们的每一个感官，侵蚀着人们的每一寸肌肤，激活着人们的每一点灵感。一缕缕春光摇曳着万物生长的序曲，一丝丝春雨洗涤着厚重深沉的沃土，溢漫着阵阵清香。

奶奶家的沙果花，不仅仅是我的一段美好怀念，更多的是我人生中一种不曾忘却的迷恋。

一、绘画材料：

"工欲善其事，必先利其器。"了解工具材料，选择和使用好工具材料，对画好工笔重彩非常重要。此幅作品所使用的工具材料有：笔、墨、绢、色、银箔、调色盘、笔洗等。

1.绢

绢是一种丝织品，以细密均匀为上品。有普通的，加密的，还有一种线较粗、质地较厚的绢。不同的绢画有不同的效果，应根据需要加以选择。织出的丝绢是生绢，用矾胶水处理后才能成为熟绢，也称矾绢。我最常用的就是这种，和熟宣纸相比它更易渲染、着色，效果更佳。绢还可以通过背面染色，使工笔画更厚重，达到熟宣纸所不能达到的特殊效果。

2.笔

我画工笔重彩花鸟所用的毛笔一般有两类：一类用来勾勒，常用有叶筋、衣纹、红毛等，一般用狼、獾、鼠等动物毛制作，其特点是较为硬挺，富于弹性。可根据需求选择大中小规格。另一种是用来渲染的羊毫和兼毫笔，如白云笔等。还要准备两个中、小型的羊毛板刷用于打底色或者大面积涂染。

3.色

我常用的色大致有三类：第一类是矿物色，其覆盖力强，不透明，如朱砂、朱磦、石青、石绿、雄黄、石黄等；第二类是植物色，其质地透明，覆盖力差，如花青、胭脂、藤黄、酞青蓝、曙红等；第三类是动物色，如蛤粉，其覆盖力强不易变色。第四类是蒋采蘋先生开发研制的高温结晶颜料。其色相丰富、色质稳定，晶体闪光，是我常备之色。

4.墨

墨分油烟、松烟两种。都是极细腻、香醇、附着力强，色相丰富，不易褪色。油烟墨有光泽，一般用来勾线、染花鸟，浓淡皆宜；松烟墨无光，一般用来染带毛绒感的对象，此作品我使用的是油烟墨。

5.金属色

金箔、银箔，其色彩灿烂夺目，技法表现样式多样，利用其本身的材质特点，我大多情况下把金箔、银箔贴在绢的背面，可以令画面呈现一种神秘、含蓄的美感。

二、技法步骤：

1.白描，一幅作品最初的铅笔稿是关键，线条组织要简洁，尽量做到没有多余的线条，然后再用熟绢过稿。在熟绢上落笔勾线时，对不同物象不同的颜色，对线的浓淡、深浅、轻重、虚实都应有所计划。用笔要流畅，有的地方要有顿挫感，这样才能表现出花的柔美、叶子的质感以及树干的苍劲。

2.用浓墨皴染树干的暗部及结疤处，用淡墨分染叶子，用淡花青色由内向外分染花瓣。用淡花青色平涂背景一遍。

3.用赭石加花青大面积分染大的树干，用赭石加草绿色分染嫩枝。用草绿大面积分染叶子。再用稍浓的花青色平涂一遍背景。

4.用稍浓的赭石在绢背面把树干平涂一遍，叶子背面平涂二绿，用蛤粉由花瓣外侧向内侧分染薄蛤粉。用石青平涂背景。

5.树干从正面再次用赭石加花青罩染一遍，叶子用二绿罩染，用稀薄的蛤粉罩染花瓣。

6.树干从背面贴银箔，等胶快干时用硬毛笔轻轻敲碎令其产生抽象的树干纹理。

7.再次用石青平涂背景，花瓣可以用少许云母分染，根据画面需要对叶子、花萼的颜色做出相应的调整，局部可以用植物色罩染以达到自己满意的色相。

8.整理，完成。签名盖章。

蒋采蘋点评《清气满乾坤》

梁夕子老家为河北农村，这永远是她记忆中的忘不掉的情结。奶奶家中的沙果花在她心中、眼中都是那么美。有情才有美。

梁夕子本科学的是油画专业，近20年她长期画油画，因此她的色彩实践对她后来改画中国重彩画是非常有好处的。她长期坚持写生、注重对对象直观的感觉和深入的感受，使她有别于从临摹入手、易陷于中国画某些程式套路中的画家。她的花卉画在传统重彩画图式中，虽然保留了装饰意味，但画中花卉组合外沿的花瓣有一些半透明的感觉，即略有虚的感觉。这在别的花卉画中是没有的，有独创性。后来我得知她的这种半透明花瓣感是用了云母之故（将白云母加入花瓣的色彩中）。云母颜料本身是半透明的，她将云母此特点运用得当，产生的效果是云母在画中并不突出，而是隐藏于花瓣的统一色调中，但却使全画增加了气韵生动之美。

梁夕子

毕业于河北师范大学美术系，现为北京大学中国传统艺术文化研究所研究员，李可染画院蒋采蘋重彩画工作室助教，北京工笔重彩画会会员。

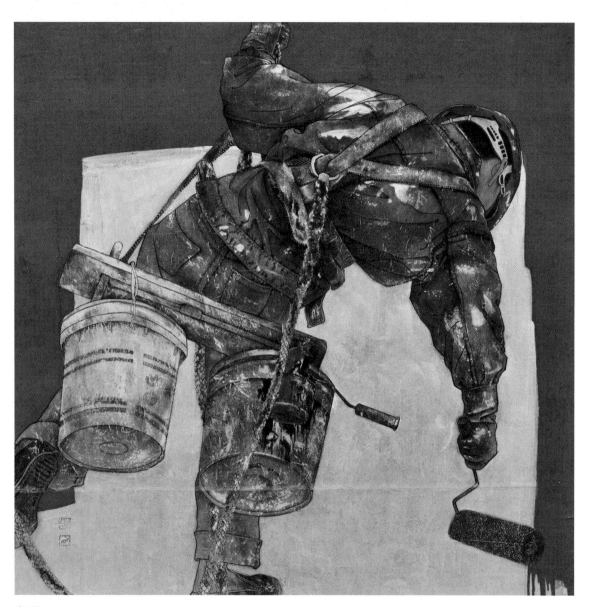

中国红
田野
110cm×110cm
2007 年

《中国红》创作技法与画材介绍

田野/文

　　《中国红》创作于2007年，时值北京2008年奥运会开幕前夕，当时我所租住的房子位于东二环光明桥的一个老旧小区，市政府为配合奥运的召开，统一为此类小区粉刷墙面。一日去菜市场买菜，出门不久，抬头望见几个工人悬挂在半空中，正在左右摇摆地刷墙施工。他们的衣服被甩溅的油漆渲染得色彩斑斓，一下子就让我联想到了敦煌壁画。现在还记得我当时的激动心情，我本能地觉得这是一个可遇不可求的创作素材。而且我刚刚结束了跟随蒋采蘋先生一年的重彩画学习，正好可以利用所学来表现这个题材。《中国红》的创作之所以顺利完成，我想应该是"激情"所至。正是凭着这股蓬勃的创作欲望，使得整个绘制过程也是一气呵成，并没有遇到太大的问题。

　　《中国红》创作和技法画材的绘制步骤：

　　1.根据素材资料完成数张创作小草图。小草图对于工笔画的创作极为重要，它是将客观物象转换为画面语言的第一步。通过不断的对草图进行调整，对造型语言进行提炼、归纳、生发，强化自己的的审美感受，渐渐地理清创作思路，解决画面位置经营、疏密、点线面等一系列问题，为接下来的绘制做足准备，作用类似于"兵马未动粮草先行"。此幅作品，我采用正方形构图，人物姿态恰似弯弓，使得画面有了一股较强的张力，也更好地表现出了农民工的力量感，烘托了作品的主题。

　　2.确定好小草图后，在素描纸上用铅笔起线稿。线稿中，进一步推敲造型、线条组织、画面布局等因素。争取做到即使只是线稿，也能有完整的作品感。线稿的绘制必须要有九朽一罢的精神，因工作原因，有幸常去蒋采蘋先生家中。每观先生起稿阶段，无论四尺小幅，还是六尺整纸大作，先生总是一丝不苟，不满意处反复修改，以致擦破稿纸，补丁以续。

3.线描正稿完成后，做数张小色稿，小色稿也不必过大，我通常选用熟宣的纸头边角，铅笔勾出大形，推敲色彩关系，熟宣纸耐擦洗，可反复修改。通过小色稿的推敲，建立画面中的色彩秩序。此幅作品我选用红色调为主，利用黑红白的强烈对比来烘托画面的主题，表达一种积极向上的力量与朝气。

4.这张画由于表现题材较为粗放，所以我选取云龙皮纸绘制。铅笔透稿后，在反面用蛤粉加浓胶液，利用毛笔、辊子等工具绘制在画面需要的地方，形成肌理。待颜色干透，调底色，用喷嘴喷于画面（背面）。

5.底子制作好以后，托画，用水胶带固定到画板上，涂胶矾水使之变熟。

6.毛笔调墨色勾线，因为是进城务工人员题材，所以此画线条较为方硬。不同画材要用不同的线条加以表现。

7.毛笔勾完线后，用水色，按照小色稿的设计，上色。这个过程色彩不要过重，要多遍薄涂，做到薄中见厚。

8.待水色做足后，上石色。此幅作品，我选用天然矿物色朱砂设色。天然矿物色有着沉着稳定而又绚丽的色彩魅力，是其他化学合成的颜色无法替代的。背景处我用朱砂平涂来表现油漆，用蛤粉来表现白色的老墙。背景的厚重石色，正好把用水色描绘的人物衬托出来，做到了材质语言的薄厚变化。石色的绘制要做到薄中见厚，不可过分堆砌。

9.为了使画面语言更加丰富，我用细砂纸对画面进行了局部打磨。云龙皮纸的纤维和蛤粉做底时的白色肌理得以强化、凸显。进一步丰富并统一了画面语言，也很好地表现出了油漆的质感。

蒋采蘋点评《中国红》

一个画家如果不热爱生活，又不具备用一个画家的眼睛去观察生活的方方面面，而且将这种观察与体验变成本能，他是做不成一个优秀画家的。田野大学毕业后即到我主持的重彩班来学习，当时他很年轻。我办的是创作班，并非单纯的技法材料班，田野很懂得我的教学原则是"创作带动技法材料的学习"，也就是"尊道重器"的传承传统。

田野有创作激情，能画出表现正能量的作品，也有将客观物象转变为画面艺术语言的能力。这一将生活变为艺术的过程，是经营位置、应物象形、随类赋彩以及画材选择运用的复杂而又令人兴奋的创造过程。他以朱砂为主色，以绘画性（亦可称为写意性）为主要表现手法，并未突出装饰美的线，这正是《中国红》主题的现实主义所要达到的。

田野

1984年生于山东兖州，2006年毕业于四川大学艺术学院国画系，2006年中国艺术研究院研究生院重彩工作室学习，中国美术家协会会员，中国美术家协会中国重彩画研究会秘书。

迷城
郑虹
240cm × 160cm
2010 年

《迷城》创作技法、画材介绍

郑虹/文

2009年本科毕业回国后的那年秋天，我有幸参加了中央美术学院第十二届蒋采蘋重彩画高研班，这是我第一次接触重彩画。留学俄罗斯的经历使我对俄罗斯风情念念不忘，或许是俄罗斯的文化太富有魅力，记忆中的魂牵梦绕久久不能散去。当我第一次踏进俄罗斯这块充满欧亚风情的土地时，便深深体会到了艺术在俄罗斯人精神世界里的重要性。我的留学生涯从那一刻，便与这美丽的国度紧紧相连，我们同呼吸、同快乐、同成长。在日月的流转中度过了我最美好的青春年华。于是在我的脑海里总是浮现出梦幻般飘雪中的俄罗斯建筑，很适合画重彩。我便尝试用中国重彩画的绘画语言来表现这些俄罗斯的建筑，加上曾学习过界画，恰逢全国第二届工笔山水画大展，那次参展作品《迷城》遂以俄罗斯建筑入画并获奖。

在这幅作品中，我运用了大量的矿物颜料，有石青、蛤粉、云母等。以石青高贵的蓝，营造出一种磅礴的气氛，凸显建筑物的大气与浑厚，城市的沉稳和高雅。蛤粉与生俱来的流动性，以其厚重、灵动而具有其他白色所不能比拟的特殊美感，把雪的质地很柔和地表现出来。云母的光泽与滑润的通透，在丰富观者视觉效果的同时，又将这座城市标志性建筑风格的瑰丽，含蓄又恰到好处地表现出来。在这张画的创作过程中，我也逐渐摸索出一条适合自己的创作道路和表现手法。

1.纸张的选择：重彩画对纸张的要求很高，由于矿物质颜料需要以胶调和使用，且有一定厚度，一般的薄熟宣往往不易承受，干后容易变得脆硬而裂开，因此这幅画我选用了三层皮纸，其柔韧度很好，并且拉力够大，能够承载重彩画颜料的特殊性。

2.起稿子：这幅画的题材是俄罗斯建筑，所表现的内容结构很烦琐，我直接用铅笔在三层皮纸上画好作品的内容。有些想修改的地方用橡皮稍稍擦去，直到铅笔稿勾好为止。因为后面要直接在上面勾线，所以细节的刻画要到位。

3.做纸：三层皮纸本身是半生不熟，所以用调制好的胶矾水把纸张做熟。一般做两三遍即可。

4.勾线：纸张做熟等干后，用毛笔蘸着研好的墨汁开始勾线。用研磨的墨块而不用现成的墨汁，是因为墨块发墨更细腻，而且在刷底色的过程中不会因跑墨弄脏画面。这幅画前面的主体用稍浓点的墨，后面的建筑选择性地用淡墨勾，因为整个画面表现的是梦幻的雪景，为了体现背景建筑物那种缥缈朦胧的美感，不宜使用浓墨。

5.做底色：在皮纸做熟，勾线完成之后，将整个画面喷湿，刷平，然后把纸揉成一团，再慢慢把纸展开，被水浸湿后的纸张上面便出现了很多裂纹，这是漏矾的现象，此时在纸的正面刷上已经调好的蓝底，画面瞬间呈现出冰裂纹的特殊效果。

6.绷板：待底色干后，将纸绷在木板上。绷的时候可选用浆糊或是纸胶带，纸的四边绷好之后，把画面喷湿，待干后纸张会非常平整，做好的冰裂肌理也越发清晰。

7.局部复勾和上色：做完肌理之后，有些地方线条被覆盖，需要局部复勾，根据画面的需要稍微提下复勾的线条，局部复勾的线也可以润在颜色里，这样更加整体。然后开始上水性颜色，画面中主体的建筑物以平涂的形式，后面浮雕式的建筑跳着分层分染，背景先用水色平涂，之后开始上石色，用矿物色石青、蛤粉平涂前面的主体建筑物使之突出，后面的浮雕式建筑选用几种矿物石青色跳跃性地提亮，整个画面的背景我用了头青进行平涂。建筑的周围，用云母、水晶末和蛤粉的结合呈现出虚幻的光影。云母是一种半透明状、晶体闪光较强的天然颜料，它在画面上晶莹闪光。云母粉末非常细腻，光泽十分柔美华丽，有任何其他材料所不能替代的美感。水晶末晶莹剔透，蛤粉灵动厚重，这三者结合在一起，表现光感，增加层次感，使画面效果隐现闪动。

8.肌理的再制作：画面下方的雪，我用了脱粉和纸巾蘸的方法。脱粉的关键在于蛤粉厚涂，干后根据自己的感觉和画面需要进行打磨；纸巾蘸的方法是蛤粉涂好之后，用纸巾蘸着一点点拍打出需要的效果。这两者结合使用，虚实相生，增强了画面的空间感，丰富了画面效果。

9.调整画面大效果：作品画到最后，要调整局部。可以深度刻画某些细节，削弱某些过于突出的部分，使画面更整体。比如这幅画最后感觉有些地方过暗，不够通透，我就想了一个提亮的方法：点缀雪花。用一支毛笔蘸着调好的蛤粉（要稀薄一点的），再拿另一支笔敲打这只蘸有蛤粉的毛笔，在需要的地方一点一点拍打，慢慢形成雪花点状。雪花飘飘洒洒地落在异域风情的俄罗斯建筑上，舞出了浪漫的梦幻。

在重彩画方面执着的探索，为我打开了艺术的大门。艺术的道路才刚刚开始，我会以火热的激情不断地前行。技术的纯熟是艺术家表现思想的基础，重彩画是我表现的窗口，我将不断探索重彩画的可能性。我爱这些颜色带给我的生命感与永恒感，我爱艺术带给我的创造感与幸福感！

蒋采蘋点评《迷城》

郑虹大学毕业于海参崴美术学院，她有俄罗斯情结。而她又是先学工艺设计的，因此她对形式美感比较敏感。以上两种因素的结合，使她创作了《迷城》这幅比较成功的作品。

此画运用半透明的传统云母矿物颜料时有她自己特有的方法。古代壁画上白云母的使用比较单纯，例如敦煌唐代12号窟中的菩萨皮肤上是在肤色着色后，再在上面薄薄地平涂一层云母，使肤色更明亮一些。不仔细看是看不出这一层薄云母的。明代法海寺壁画中的水月观音的白色透明纱质感的缠身飘带，是用白云母调成较浓的含胶的稠液，用细笔勾勒成图案而画成的，最终形成薄纱的感觉。这是明代画家的独特技法。

郑虹大概是受此种勾勒云母线技法的启发，她用勾勒云母线加用云母或蛤粉渲染的技法来画俄罗斯古教堂建筑，形成一种半透明效果，从而使观者感到古建筑的历史感和神秘感，让观者耳目一新。新技法的产生并非偶然，也不是突发的奇思冥想。只有画家有了明确的想法要表达什么情感、什么美感，才会流露出自然而然的技法和材料的运用手法来。"法无定法"，也是中国的古训之一。

郑虹

1988年生于安徽定远，2011年海参崴美术学院大学美术学院毕业（本科），2012年结业于中央美术学院蒋采蘋重彩画工作室，2015年毕业于中国艺术研究院，获硕士学位，导师为许俊先生。现为中国美术家协会会员，中国美术家协会中国重彩画研究会会员，中国工笔画学会会员。于2015年至2017年在李可染画院蒋采蘋重彩画高研班任职班主任。现为清华大学美术学院在读博士。

铁马兵河之战图
金瑞
170cm×198cm
2015 年

《铁马兵河之战图》的材料技法介绍：

金瑞/文

　　这幅作品创作于2015年，入选第十二届全国美展并获得获奖提

名，后赴美国和意大利巡展。画幅大小为长170厘米，宽198厘米。

　　作品材质为绢本重彩，绢使用的是日本绢，所谓的日本绢应

为按照日本技术标准在国内制作的绢，这种绢比普通绢厚实致密得多，很适合重彩绘画对材料的强度要求。日本绢本身的胶矾很小，如果直接用的话，不容易勾线和染色。因此在画之前需要对日本绢刷胶矾水。有的学生先把绢绷在框子上再上胶矾水，经常导致绢面出现很多皱褶。我的方法是先上胶矾水，把绢的一边粘在一根木条上悬挂起来刷胶矾水，这样胶矾水会自然地吸附在绢上，多余的胶矾水会流在地上。用来矾绢的胶矾水比较稀，明胶、明矾、水的比例为7:3:800。一般刷五到六遍，正面和反面各刷两三遍。

作品的素描稿是画在画板上的，首先把素描纸裱在画板上，待素描稿起好之后，把上好胶矾水的绢绷在画板上，然后进行勾线。

勾线用的毛笔一般选用兼毫长锋的勾线笔，比如"草帽崔""戴月轩"等品牌的毛笔。勾线一定要使用砚台研墨，墨块用比较高档的国产油烟墨。研墨的水可以使用天然的矿泉水。勾线的时候根据不同的物象应用不同的粗细和墨色，总的来说重彩画的线描适合比较粗壮的墨线，墨色也可以比较重一些。

勾线完成的绢从画板上摘下来，再绷到同样大小的画框上，这样就可以开始染色了。

我的重彩画重视重彩与淡彩的结合，在上重彩颜色之前都用淡彩颜料打底色。我选用的淡彩是进口的英国"温莎·牛顿"牌水彩颜料，"温莎·牛顿"牌水彩色相丰富，有大概三四十种颜色，色彩温润，持久力比较强，而且很容易在绢面上染色。

这幅作品染色的步骤是先画背景，然后是人物的衣服，最后才画人物皮肤五官结构等。背景中的人物和动物大都使用类似传统壁画中的勾填法，先用淡彩打底色，底色一般就是平涂，不躲开墨线，这样墨线在涂底色的过程中就被加重了，底色和后上的重彩石色深度上一般是差不多的，我经常把底色涂得更重一些，这样和石色的配合就更显得厚重。传统壁画中的勾填法是直接上石色，没有用淡彩打底色的过程，在绢本卷轴画中经常用淡彩来打底色。在底色的基础上我使用了非常浓重的矿物色进行勾填，勾填就是躲开墨线进行平涂，一般就涂一次。这种方法非常接近于壁画，色层比较厚，甚至达到蛋壳那么厚。因为色层非常厚，颜色没有染不均匀的问题，同时和壁画一样，会留下用笔的痕迹。在勾填重彩颜色的基础上，可以在重彩上再进行淡彩的分染以求得生动的变化，比如画面右下方的狗和猎豹都用这种方法染出了斑纹。勾填技法的好处是完美地保留了墨线，较厚的色层和墨线直接形成了凹凸不平的效果。最后可以对画好的部分做出类似传统壁画的剥落效果，色层越厚越容易剥落下来，露出下面的淡彩底色，形成了壁画特有的厚重感。

除了使用勾填法之外，我还大量使用了粗颗粒颜料，现代的重彩画很重视粗颗粒颜料的使用，粗颗粒的重彩颜料更能表现出石色特有的结晶体美感。在上粗颗粒石色之前，先用相应的淡彩打底色，同时用淡彩进行分染。粗颗粒石色需要使用非常浓的明胶来调和，否则不容易粘接牢固。粗颗粒颜料覆盖力不如细颗粒的石色，颜料颗粒中间留有很多空隙可以透出下面的底色来，这样石色和底色形成了复合的效果，具有强烈的层次美感。

这幅作品大量应用了金属箔，大概使用了纯金箔、青金箔、银箔和黄铜箔这四种不同的箔。右下方使用了银箔，在贴银箔之前先做了底子以追求立体的效果，一般金属箔的底子都应用沥粉，我在这幅作品中应用了刻、划的技法，即先把白粉用明胶调好涂在画面上，在颜料未干之时用竹签等锐物划出线条来。在这样的底子上贴箔，形成和沥粉不同的凹凸效果。银箔在硫磺的作用下会逐渐变色。这幅作品中的银箔颜色在一个多月之后自然发生了变化，在达到我想要的色彩效果时用上光油进行密封固色，即用毛笔在银箔上涂一层上光油，避免银箔继续变色。在左侧的背景中大量使用了青金箔，青金箔也叫大赤金，里面含有四分之一的银，在贴箔三个月后，青金箔也发生了明显的变色，出现类似玫瑰色的斑驳效果。在此基础上我同样使用了上光油进行固定，避免其继续变色。在法老的衣服和马匹的装饰上使用了纯金箔，纯金箔不会氧化变色，不需要进行固色。在画面右上角还使用了变色的铜箔，铜箔经过烧制出现了各种花纹，铜箔不需要使用胶矾水等固色，只要不接触水分就不会发生变色。

在刻画箭矢和旗杆等笔直的物体时，我使用了厚的白卡纸，用刀把白卡纸裁切成需要的形状后贴到画面上去，然后在贴好的白卡纸上涂上金色或者银色。如果用沥粉的方法很难做到那么笔直的效果，同时那么长的沥粉也缺乏足够的柔韧度。另外弓弦也不适合使用沥粉的方法，我想了一个新办法，使用缝衣服的棉线粘在画面上做成弓弦的效果。画面中有些物象非常适合用沥粉的方法，比如甲壳虫就是用沥粉做成浅浮雕的效果。

人物衣服主要使用了蛤粉，用蛤粉调和水彩色画出衣服的底色，并且用蛤粉调和染色细致地画出各种颜色的图案。蛤粉在干后会有比较大的变化，颜色变得很亮。衣服的花边还使用了色彩云母粉。

人物皮肤部分的染法主要使用的是淡彩技法，首先用红色染出人物的血色，即皮肤上发红的部分。所用的红色使用了"温莎·牛顿"牌水彩中的深镉红和浅镉红，这样是为了保证红色日久不会褪色。然后用熟褐色加上镉红分染人物的结构，染结构是按照染低的方法进行。最后进行皮肤的罩色，罩色的颜料是朱膘加三绿加白粉，同时从绢背后托肤色，托的颜料中白粉含量更大些。罩色完成后经过开脸画五官和头发。人物部分就完成了。

蒋采蘋点评《铁马兵河之战图》

此画画面体现出比较典型的"错彩镂金"的美感。作者金瑞一向喜欢有装饰风格的饱满构图和色彩丰富绚丽的特点，这使他的画风与众多写实画风的作品拉开了较大的距离。但他又是将写实人物和具有装饰风格的背景做了鲜明的对比。他以古埃及壁画装饰风格的战争场面和人与兽相斗的动感背景，衬托出中国姑娘文静的气质。画面上体现出静与动、简与繁、夸张与写实的造型、中间色与鲜明色等因素的对比关系和互相呼应。

作者善于使用画面色彩组合与搭配整体统一的手法来产生现代美感。古埃及壁画实际的色彩已基本脱落，画面中的色彩效果是以现代人的审美创造的。作者使用了综合材料，包括现代化学颜料，并非全部使用传统石色和金属色。为了达到创作的目标可以是"不择手段"的。我国古代就进口了越南的藤黄、阿富汗的青金石（当时称日清）、南美的西洋红，以及蛤粉（当时称胡粉）。

此画技法比较传统，为达到平面效果，基本上是以单纯平涂加少量渲染，例如人的面部和肌肤等处的处理。总之，画无定法，只要使用恰当，能充分传达出画家的情感与创意的就是佳法。

金瑞

1973年2月生于北京。1991年毕业于中央美术学院附属中学，

1995年本科毕业于中央美术学院中国画系，1997年于中央美术学院中国画系硕士研究生毕业并留校任教。2013年考取中央美术学院造型研究所唐勇力教授博士研究生。现为中央美术学院中国画学院副教授、中国美术家协会会员、中国美术家协会中国重彩画研究会理事。2013年《中华医学》入围"中华文明历史题材美术创作工程"。2014年《铁马兵河之战图》入选第十二届全国美展并获得获奖提名。2017年应邀创作纪念马克思200周年诞辰主题创作《马克思的中学时代》。

节日的山村
刘金贵
180cm × 180cm
2015 年

《节日的山村》材料技法介绍

刘金贵/文

　　生活是艺术创作的源泉，有取之不尽的素材。直面生活，深入生活，感悟生活。

我们不断贴近生活，不停地寻找创作的题材。《节日的山村》正是随中国文联下乡慰问时，孩子们去看文艺演出时的真实情境，孩子们的天真、热情和对文化的渴望，使我立刻拿起画笔记录下来，随之整理后完成。画面用浓烈的红色铺陈，渲染气氛，将火热的氛围传递给观者，使观者得到美的感受。

蒋采蘋点评《节日的山村》

刘金贵非常注意从现实生活中汲取营养，他观察生活的视角很独特。他的作品都是从别人易忽略之处着眼，去发现生活中的美感和动人之处。一般画乡村节日大都选择热闹的场面和喜庆气氛，但他却选择了并不热闹的散场：观众扛着座椅、道具正要回家的场景，只有气球略表述了节日气氛。因此才有了独特的创意与构图。

此画的构图独特之处是空间与成团块的人群和座椅等主体各占50%。成团块的人群与座椅等结合为一整体却又乱中有序，十分耐看。其穿插之巧妙，团块中无一完整之人物和器具，却又令人感到合理与自然。这样处理是艺术化的，是来源于真实的生活又高于生活本身的。

本画在色彩方面的经营也是极为独特的，全画以朱砂色为主调，包括背景和人群的服饰、小旗子也是同样的朱砂色，朱砂色占全画70%。占全画面积稍多的气球为深浅不同的粉红色，座椅和人的肤色为中间色，也有少量的白色与黑色，如椅子腿和人物头发。整体的红色调点出了是节日，总的来说，此画色彩做到了传统美学的"简之又简"的原则，也是作者匠心独运的体现。

此画的绘画技法只有传统壁画的单线平涂，也是极简练独特的。看似无技巧而有技巧，看似无法实则有法，正如石涛说的"无法之法，乃为至法"。这对只想炫耀特殊技法的画家是一个启示。当然，根据题材的需要用"错彩镂金"之技法也是正确的。

刘金贵为人朴实，画风亦朴实。他从不追求时尚时髦，作画都是从自己对生活的真实感悟出发。在以往的30多年中，众多画家追求写实和超写实画风，他却反其道去追求装饰之美、极简之美，终于走出一条属于自己的独特审美之路。

刘金贵

1960年生于内蒙古包头市，现为中国美术家协会会员、中国工笔画学会副会长、中央美术学院中国画学院教授、工笔人物画系主任、博士生导师。中国美术家协会重彩画研究会副会长。

第九章

古今中外重彩图例简介

一、敦煌壁画《反弹琵琶》

《反弹琵琶》是敦煌112窟南侧壁画《观无量寿经度》的乐舞局部。此窟为中唐时期所绘，为唐代重点洞窟。因为此窟的绘制水平较高，更以"反弹琵琶"形象被借用成为舞剧的亮点，使112窟更加引人注目。此段乐舞图以一舞者独舞双手反弹琵琶的舞姿居中央，两侧各有3位乐手弹奏各种乐器伴舞形成美妙的场景。这7位女性面部和身材都呈丰满状，是盛唐女性审美的标准，但女性上半身裸露较多，仍流露出印度舞蹈的特征。舞者束高髻、戴宝冠、披长巾，反握琵琶并高提右腿，造型优美自然，长带飘动增强了动感，是敦煌壁画舞者中最富有美感者。

6位演奏乐器者，左边3位演奏鼗鼓、横笛、拍板，右边3位演奏箜篌、阮咸、琵琶。这6种乐器中鼗鼓和阮咸为中土原有乐器，其他4种皆由中土外传入。

此窟壁画绘制技术精湛，墨线造型严谨、勾勒流畅，色彩配制协调、深浅色均衡，总体格调艳而不俗。而且颜料使用以天然矿物颜料为主，又是天然矿物云母使用较多的洞窟之一。云母是略微有晶体闪光又呈半透明状的色相很美的颜料，能使全壁画熠熠生辉。白云母主要用在人物的皮肤和一些飘带上。云母矿石在甘肃有出产，应该是就地取材。因为洞窟光线很暗，1963年、1981年我分别在敦煌待了两个月，但只在12号、112号洞窟发现壁画上有白云母颜料使用。我想既然甘肃有云母矿，应当在壁画上使用较多。因白云母粉只略有光泽不易发现，但研究者如果有心去寻找，应当会发现壁画上更多使用白云母粉的情况。如果利用现代先进的科学仪器，应该更容易找到。期待能有新的发现。

反弹琵琶

二、敦煌壁画《张议潮统军出行图》

敦煌晚唐156窟《张议潮统军出行图》绘制在南壁下层，全图长830厘米，宽130厘米，内容描绘了敦煌人张议潮率领河西各族人民推翻了吐蕃统治、收复了河西十一州，唐王朝敕封张议潮为河西节度使后其统军出行的场面。此窟为张议潮的侄儿张淮源于864年所建，为纪念他叔叔的功绩。在此窟南北壁分别绘制了此图和《宋国河内郡夫人宋氏出行图》。

我本人有幸于1963年带学生去敦煌实习，接受了敦煌研究所的任务来临摹《张议潮统军出行图》的前半部分，有4米多的长度，是与一位学生合作的。临摹历时近两个月，很有收获。

此图场面宏大、气势雄伟，且出行队伍富于变化感。行进队列基本上都是骑兵，打着旗帜，上下两列队伍中间有乐器演奏和歌舞表演。中段是被队伍簇拥着的张议潮节度使和将军们，他们的形体被夸张了，以显示他们的英雄气概。

此图的绘画技巧我认为还是相当熟练的。例如上下两支队伍的马腿下面是柔和的浅石绿色，石绿色并非平涂，而是上下都做渲染，是虚入虚出的方式。将石绿色虚染在白底上是不易均匀的，所以我临摹时极为小心，将水分干湿掌握得尽量恰当（包括色笔和水笔两支笔的干湿都要恰当）。这两条从东到西贯穿全图的石绿色将8米多长的画面联系起来，它不但使画面有整体感，而且对于增加画面的空间感和现实感起到了重要作用。

总之，此长卷式的壁画在立意、构图、造型、色彩、技艺诸方面都是高层次的，值得我们后来的画家深入地理解和研究。

张议潮统军出行图

三、敦煌壁画（蒋采蘋临摹）

此画是我在1963年去敦煌带学生实习时临摹的。当年我就认为：敦煌千佛洞壁画虽然创作时间较早，但当时佛教刚刚开始向东方传播，中国彼时还未完全接受佛教，故其佛教教义与其壁画的艺术表现、审美、技法等尚未与中国的儒家、道家思想和绘画艺术完美融合。到了唐代，因为武则天等皇帝崇尚佛教，大量修建佛寺洞窟，使得佛教在中土得以空前发扬，从而佛教艺术也与中国本土艺术融合加快，形成了敦煌唐代洞窟壁画的新面貌。例如早期"舍身饲虎"等恐怖画面不见了，代之的是天堂的美好、帝王礼佛、行旅图、供养人像、歌舞场面等。其艺术表现精致化：线条表现及线条造型的组合突出、线条与色彩的结合协调、佛与众神像衣着较多、菩萨女性化（包括面相、姿态和头饰），并且画面色彩减少了强烈对比（蓝红原色对比基本已看不到），石绿色多配以赭石、白色、少量朱砂及多种中间色。

此幅唐代壁画中的胁侍菩萨是大幅壁画中的一小部分局部。从二主要神像的面部造型来看，皆有唐代仕女的丰满形态，除了保留印度佛教神像的长眉和略深的双目（双目上的长线）以外，很像唐代流行的仕女形像。

此画色彩以绿色（石绿）为主色。如以绿色为底色，佛光圆环、佛坐的莲花瓣也是绿色为主，还有绿色披帛和绿裙、绿色树叶等。绿色占据画面一半以上面积。有少部分蓝色（石青）涂在菩萨头发、披帛上。红色（朱砂）涂在菩萨裙、头饰、莲花部分花瓣上较多，约占全画面积的七分之一。我仔细对比了壁画与同窟的雕塑上的石色，发现两者选用的石色是不同的：雕塑上的石色都是选用最鲜明的石色，少数雕塑还用金色，使雕塑的各种神像在洞窟中更加突出。而壁画上选用的石色都是偏灰冷的石色，色相不会超过雕塑。这正是前人从洞窟整体设计考虑的结果，即壁画视觉效果不能超过雕塑的主体佛像。这与墓室壁画和宫室壁画视觉呈现理念是不同的。

蒋采蘋临摹敦煌唐代壁画

四、章怀太子墓壁画

唐代厚葬之风盛行，因此帝王、贵族、富豪等死后在墓室中会将其生前的生活场景以及所爱好事物，都表现在壁画中。墓室壁画与寺庙洞窟宗教壁画不同，它是描绘真实生活的，它使唐代社会生活场景呈现在一千多年后的我们面前。唐代的宗教壁画在当时西安、洛阳两地分布非常多，可惜今多已不存，如今只能在敦煌洞窟壁画中看到保留至今的唐代画作。无论敦煌壁画或墓室壁画都是中国画的瑰宝。20世纪六七十年代揭取并珍藏于陕西历史博物馆的章怀太子墓、懿德太子墓、永泰公主墓、房陵公主墓、金城公主墓的唐墓壁画，因为是皇家主持修建，故画师水平不低，画材质量也较高。它们不但有很高的历史价值，其画师表现生活的创作态度更值得我们今天借鉴。

本书所选壁画是章怀太子墓墓道东壁的《客使图》局部。《客使图》中共6人，其中3位唐朝官员（戴黑纱冠者），另外3位为番国的使节。这3位使者的冠和服饰皆不相同，显然来自3个国家。其中1位头顶削发、高鼻深目，或许是来自更遥远的国家。3人双手相合做恭立状，每位面相各不相同，个性也不雷同，不是寻常画师所为。

我曾亲眼见过此壁画原作，惊叹其布局、造型、色彩技艺之高，也亲眼见到壁画中的矿物颜料朱砂、赭石、土红等还保存原色未变，其他有机颜料（花青、胭脂等）已成灰色。其墨线勾勒熟练而又较自由，不很严谨，但非常灵动。墓室壁画创作目的并不为公开参观，只为逝者而作。所以墓室壁画只追求内容细致和准确，以及整体壁画的大效果。这正好给画家较多的自由空间，可以放松一些；但当时人是相信灵魂不灭的，所以画家也不能怠慢或者马虎了事。于是画家作画比较写意（当时称"疏体"），或者说是不作

"密体"画法。总体来讲：唐代墓室壁画在构思、技法以及艺术表现上属于现实主义画风。

章怀太子墓壁画局部

五、永泰公主墓壁画

我曾下到永泰公主墓内观看壁画原作，当时很激动，因我曾临摹过传为唐代张萱所绘的《捣练图》，不自主地会做比较。永泰公主墓室内《宫女图》显然与《捣练图》一脉相承。但《宫女图》绘制时间比《捣练图》更早，说明初唐与盛唐时仕女画已相当流行。画面中人物呈组合状，而且有聚有散、错落有致，还有人物正、侧、背转向自如、顾盼交流，显得自然生动。顾恺之"以形写神"的古典现实主义理论在永泰公主墓室壁画中得以传承，到中晚唐被著名仕女画家周昉、张萱进一步发扬，使这一脉络传承有序。

技法为传统的单线平涂法，画材采用矿物颜料，突出墨线条，原则是色不碍线，总体是暖色调，朱砂用得较多，其有机颜料已变成暗红色或灰紫色。到底此图当时所用何种颜料，有待科学方法进一步研究。

永泰公主墓壁画局部

六、永乐宫三清殿壁画《朝元图》局部

山西省永乐镇唐代时传为道教始祖吕洞宾出生地，唐代即建有吕公祠，宋代扩建。元代中统三年（1262）永乐宫基本建成，共建有三清殿、纯阳殿、重阳殿及龙虎殿共四座殿堂，至元代至正十八年（1358）才将四殿全部壁画完成。永乐宫全部工程历时一百多年，其宫规模宏大，整饬壮观。宋徽宗崇信道教，自称道君皇帝，元太宗提倡"新道教"，明清二代提倡儒释道"三教合一"，故永乐宫建宫七百多年来得到元明清三代的维修，至今我们还能欣赏到它宏伟又精美的壁画。

1955年我在课堂上曾临摹《八十七神仙卷》的印刷品，此图原作可能是元代壁画的白描粉本。"粉本"即稿本的意思，其正名应为《朝元图》，也是道教壁画的内容。1957年我在永乐宫临摹三清殿壁画，正好将同为元代道教壁画的三清殿全殿东西北三面壁画和《八十七神仙卷》做了对照。我发现它们二者之间在艺术上、技法上非常相像。再深入比较，我发现它们虽然都是《朝元图》主题，内容都是众神仙向着主神元始天尊朝拜，但三清殿《朝元图》的众神仙是以男性为主，《八十七神仙卷》的众神仙是以女性为主。二者构图都是众神仙面朝同一方向行进朝拜，但《八十七神仙卷》的众神仙通过宽大衣袖和衣服的长裾、同一斜度的排列使全画形成一种极有力度的势，而三清殿《朝元图》的群神则无此势。在整体构图上，《八十七神仙卷》的上部留有不少余白，这使观众感到众神仙有在天上的感觉，加上一些神仙打着幡、举着长杆荷花、执着各种乐器等形象，使全图构图错落有致且富于变化。三清殿《朝元图》中众神仙排列整齐而繁密，透着庄严与肃穆，与《八十七神仙卷》的抒情浪漫的境界完全不同。三清殿《朝元图》中的各路神仙

永乐宫三清殿《朝元图》局部

文武不同、司职各异、造型丰富、男女老壮各具风采等特点，又比
《八十七神仙卷》胜出不少。

　　总体来说，我发现同为宗教内容的壁画，但每个画家在创作中
仍有不同境界与意境的审美追求。三清殿《朝元图》的布局和势的
经营、随类赋彩等艺术手法都在创作过程中体现出独特的创意。

　　《朝元图》中的服装使我联想到熟悉的唐宋服饰：元代汉族

服饰基本上是沿袭宋代服饰，宋代服饰又是沿袭唐代服饰，所以唐宋时期的中原地区男女皆穿上衣下裳（裳有点像近代女性的裙）。《朝元图》中有职务的官员项上戴一个白色圆环状标志，似乎只有宋代才有，唐代与明代画和资料中皆未见。《朝元图》与《八十七神仙卷》中女性面庞皆丰满或略丰满，与唐代画上的形象相似，而且画中女性的发式为高髻又变化甚多，也像唐代样式。还有《八十七神仙卷》中女性横握琵琶又有拨子弹奏，也是唐代的弹奏方法。还有不少唐宋衣饰和小型器物尚待考证。总之，在这两件作品中我们看到了唐宋壁画造型的不少特征。但唐宋壁画实物已非常罕见，我们却从元代道教壁画中看到了不少唐宋遗风。道教教旨主要是"入世"的，道教壁画上的神仙几乎是人间帝王的形象，文人雅士、侍女侍从全是当时现实人物的翻版或艺术加工。这种风格与地处西北偏远地区的敦煌、克孜尔洞窟壁画有很大不同。佛教的教旨主要是"出世"的，佛、菩萨、飞天、守护神等的造型离当时生活比较遥远，虽然也有"帝王礼佛图"等世俗人物的描绘，但大多仍为"经变图"等以描绘天上的神灵为主的作品。虽然作品中也有一些供养人，但几乎全是当时的番邦（外国人），他们的服饰和中原完全不同。我在《八十七神仙卷》上看到了唐吴道子的"吴带当风"，此画中密密麻麻全向右倾斜的长线条构成的势在艺术上是多么大胆的构思，斜的衣纹又体现出微风扑面的环境美和心境美，这既是神仙的也是人的心境、人的理想美的境界。

唐宋元三代寺庙道观壁画的绘制技艺的精美、使用画材的精良和贵重（例如用真金箔）是洞窟壁画难以企及的，而且中原地区在唐代还有具有深厚文化修养的大师级画家亲自参与创作和绘制。尽管他们绘制的原作已不存，但我相信吴道子等大师的艺术和技艺一定会有后代画家继承下来。这从山西省新绛县稷益庙壁画和河北省石家庄市毗卢寺壁画中可以得到印证。

宗教题材绘画有人文文脉的相承，也有传统绘画艺术的延续，现在的传统壁画技艺与画材的变化并不大，应当是与唐代壁画鼎盛时期差不多。既使与中世纪欧洲及古印度、古波斯等国家所使用的技艺与画材相比也差别不大。

七、永乐宫三清殿侍女（蒋采蘋临摹）

此画是我在1957年春夏之间，面对三清殿西北壁原壁对临的，当时我在架子上，与壁画是零距离，可以用手触摸，如果壁画上有鸽粪或污渍还可以用水去清洗。临摹目的是为永乐宫搬迁后，可按照我们的临本去修补，所以临摹态度是极认真的。因为我擅长画美女，老师就将三清殿侍女中"第一美女"（学生们起的绰号）交给我画。除了在4个月中绘制完成了包括"第一美女"的这一段（约450厘米长，200厘米宽）之外，我还利用周日又缩小临摹了此幅作品。

永乐宫为中国本土道教宫观，而道教是入世的，因此三清殿壁画内容虽有许多有名字的神仙，但都是以人间的帝王将相、王公大臣及历史上名人等为原型而创作的，画中的服饰基本上是宋代的。不像佛教壁画上的佛和菩萨与我们有不小的距离和疏远感，此画中的侍女就像人间的少女，她有情有致，很吸引人欣赏她的自然美。

我还特别注意此侍女的眼睛，这一双美目不知为何被当时画家用淡墨染成既虚又含蓄的感觉，与三清殿壁画中其他侍女的双眼都是黑白分明的美明显不同。开始我以为是年代久远被人故意用墨染上去的，后来发现此侍女所在位置距离地面至少有3.5米高，无高梯子没人够得着。而且此殿中众多神像（包括其他侍女）都是双眼黑白分明，没有被用淡墨染出虚的效果，此侍女双眼用淡墨染是个例外，想必是有意为之。我不得不欣赏画此侍女的元代画家，这种含蓄的美目当然是现实生活中的感受，也说不定这双美目正是他心仪的姑娘所有的。

三清殿壁画为铁线描，用较粗的墨线勾勒，使人们感到有力量也十分精致。这些墨线不只用于造型同时也是一种主要色彩，包括人物的头发和胡须（稍淡的墨色）。很难想象，壁画的缤纷色彩如果没有很浓重的黑色怎么才能将它们拢住，黑色也使全画多种鲜明亮丽的石色协调在一起，起到全壁画色彩的统领作用。

永乐宫三清殿侍女
（蒋采蘋临摹）

八、北京法海寺壁画

明代法海寺位于北京西部，明正统八年（1443）建成，该寺大雄宝殿壁画为同年完成。法海寺是由皇家主持和投资修建的，寺中壁画据记载是由宫廷画士官宛福清、王恕，画士张平、王义等15人所绘。据说当时皇帝还聘请了多位民间壁画名手来北京与皇家宫廷画师合作。著名美术史家金维诺先生在介绍法海寺壁画的文章中讲："当明清士大夫画家对人物画日渐冷漠（时）……在民间广为流传而又大部分为民间艺术家所从事的宗教画，则继承着优良传统，不断地有所创造，直接或间接地反映着社会生活，塑造着各种各样的动人形象。宗教壁画匠师不仅自身的成就突破了画家与工匠的界限，也以其杰出的技艺，说明了文人画家与民间匠师相互促进，在发展传统上的重要性。民间画工既重粉本的传统，又父子、师徒相承，绘画技艺传承不绝。在不为世人所重的情况下，仍然产生了一些杰出的民间壁画大师。"

法海寺在整体构图、布局、章法上与明代其他寺庙壁画相比显得更为严谨，其构成经营更为合理且较为疏朗（大部分同时期神像安排都甚紧密），使神像每个形象均较为突出。全壁画色彩统一而又有变化，其精美程度堪称为现存古壁画之冠。壁画颜料除选用高档次矿物颜料、植物颜料外，金属颜料金箔和金粉的用量也很大，形成金碧辉煌、灿烂无比之效果。

图例一　帝释梵天礼佛护法图局部（北墙西侧）

此壁画布局上部天空部分为云朵和云气组成，约占全画四分之一，使画面显得空灵和空旷，也突出了中间部分的神像。礼佛的神仙行进队伍也疏密相间而又自然，其中都是有名称的佛教中人物，

法海寺壁画　图例一　帝释梵天礼佛护法图局部

但大部分（约占80%以上）都是着唐宋服饰，说明佛教神像确已汉化。尤其其中的鬼子母左手抚摸着一幼童的头顶，更似一对家庭中的母子，身姿与面部既虔诚又亲切，给观众一种美好的感觉。画面最前面那些也在行进中的神兽，类似花豹、狮子、狐狸也极为生动传神。

此壁画全图以暗绿色为底色，或者可以说是基本色调（现在看到的是暗绿色，但在500多年前也许是比目前绿色亮一些，是否为石绿，因尚未检验没有定论）。此暗绿色将壁画中以白红为主色的形象凸现出来。总色调既绚丽又不失雅致，让观者感到天上人间的距离也并不遥远。

图例二　鬼子母和幼儿

"鬼子母"原为婆罗门教中恶神，专啖食小儿，后被佛法教化成为专司护持儿童的护法神。也称欢喜母或爱子母。此壁画中鬼子母为一汉族贵夫人的装束，神情慈祥安静，其左手放在小儿头上，小儿作双手合十样，神情安详。母子二人都着朱砂色衣，鬼子母长袖上金色纹样极为纤细，是由真金粉所描绘。其胸饰为堆金沥粉法（在沥粉上贴真金箔），十分华丽，包括头上的饰物也是使用此法。全寺壁画不论男女皆着宽袍大袖，其纹样使用金粉描绘，冠饰及手执器物或武器也全用沥粉贴金法。此壁画用金量是一般寺庙道观壁画的数倍，在刚完成壁画时金碧辉煌、光彩夺目的景象是可以想见的。

图例三　多闻天王（局部）

北方多闻天王是四大天王之一。在印度神话中，原为财富之神。中国佛教吸收为北方守护神。

壁画中的多闻天王造型威武但并不狰狞，有点接近现实生活中的儒将。他的脸型虽夸张却是可以亲近的。天王唇下的三点胡须是少见的。其面孔呈"国"字形，显得勇武有力。他所着黑甲配以沥粉多处，增加了护法神的雄健与庄严感。

图例四　水月观音

水月观音像位于正殿佛像背后，坐南朝北。画面高450厘米，宽450厘米，为正方形。水月观音壁画造型完整、布局饱满，为本殿中神像尺寸最大、绘制技艺最精湛的一铺壁画。

水月观音是观音菩萨三十三身像之一，此像有多种形式，都

法海寺壁画　图例二　鬼子母和幼儿　　　　法海寺壁画　图例三　多闻天王（局部）

与水、月有关。水中月，比喻诸法无实体。本殿水月观音像头戴宝冠，冠上有阿弥陀佛像。

水月观音像成为本殿最大亮点，从技法和画材方面看，是水月观音像上使用白云母颜料的技巧最为精妙。除了观音面部、前胸、上肢、双足等皮肤裸露部分，在涂完肤色之后，最后涂一遍稀薄的白云母粉。这样就使观音的肤色微微闪光，使得肤色更加明亮，而且还起到了保护肤色的作用。此壁画完成五百多年之后，后人看到的观音肤色与刚绘制完成时差不多，而周围其他色彩（包括石色）都已变暗不少。最为奇妙的是水月观音身上的白纱飘带面积不小，其白纱的效果并非渲染而成，而是用浓胶液调白云母粉，以线勾勒

法海寺壁画　图例四　水月观音（局部）

出精细的图案组成薄如蝉翼的白纱感觉。这种以白云母细线勾勒连续图案形成白纱的效果，无论中国和外国的壁画中从未见到此种技法，应当是一种别具匠心的独创。

另外，水月观音像四角的韦陀、金毛犼、鹦鹉、善财童子的造型和姿态也各尽其妙，起到了众星捧月之势。还有水月观音周围的云气、牡丹花、珊瑚等也起到很好的陪衬作用，绝无喧宾夺主之势。壁画家绘制的全过程做到了气韵生动。

法海寺壁画用墨线较细，全画因此有虚实的因素，它是装饰性与绘画性结合较好的艺术风格。正是"错彩镂金"与"芙蓉出水"两种传统美感结合的典范。

九、山西新绛稷益庙壁画

山西省新绛县东岳稷益庙（全称），初建年代不详，至迟应为宋代所建。据碑记载为元代重修，明代扩建。壁画题记"为民间画师翼城常儒、绛州陈圆等七人所作"。此庙壁画的内容极为独特，它非佛非道，而是描绘中国古代神话和历史传说。表现出大禹、后稷、伯益（三圣）的图像。歌颂他们改造自然、造福人民的事迹，如烧荒、斩蛟、伐木、耕获、扑蝗等生产场景，也表现了三圣受训百官祭祀、万民崇拜和各方神祇朝贺的情景。

图例一　稷益庙正殿西壁南侧上隅　祭祀

此图场景甚多，前为农民赶牛碾压谷粒，还有人从谷堆上碾谷子。中间为一农妇给劳作者送饭，一小儿拿碗送水给老年坐者。上面是农夫向前来的官员致敬（他正在耕地，牛拖犁已停了下来）。

图例一　稷益庙正殿西壁南侧上隅　祭祀

图例二　稷益庙正殿西壁　大禹及侍女侍吏

图中穿插山石和树木、小桥和流水等。人物和场景富有生活趣味，也很自然生动。这在其他古壁画中十分少见。

图例二　稷益庙正殿西壁　大禹及侍女侍吏

图中大禹被描绘为着宋代朝服的官员坐像，其神态安详并充满自信，使人感到他就是一位人间的领导者，令观者感到亲切。

图例三　稷益庙正殿东壁下隅　扑蝗（局部）

图中人物皆为普通百姓扑蝗者，着短衣，姿态强悍勇猛，并为捉到大蝗虫而喜悦。被捉之大蝗夸张到与人差不多大，虽被束缚仍张嘴大叫，很是凶猛。

此壁画的艺术风格与元代永乐宫壁画一脉相承，但用墨线略粗且有些变化，似乎更为强而有力，更适合此庙壁画整体雄强之风格。此壁画的着色是以青、绿、红、白为主，兼用黄、赭、黑等色点缀。全画大部分使用矿物颜料，间以淡墨、赭石、花青、胭脂等水色（透明色）。全壁画既古雅厚重又明丽富有生机。画家的技术精湛、笔力雄健、色彩醇厚，为我国明代壁画中上乘之作。

图例三　稷益庙正殿东壁下隅　扑蝗（局部）

十、河北毗卢寺壁画

毗卢寺位于今河北省石家庄市西北郊上京村东。它始建于唐代天宝年间（742—756），宋元明清多次重修。庙内共绘有壁画122平方米，绘有佛、道、儒三教各类天神帝君、菩萨天王、护法诸神、往古人物五百多身。毗卢寺虽有儒、释、道三教合流的特点，但是道教内容占了大部分。例如天上的日月星辰、风雨雷电、山川河流、人间的先贤圣人等，都被吸收为神仙世界的成员，成为人们崇拜信仰的对象。其壁画风格与山西新绛稷益庙接近，都是以墨线为骨架（黑墨线也是全画的主要色彩），施以矿物颜料石青、石绿、朱砂、雄黄、赭石等。全画色彩浓烈，朱砂用得较多成为主色，这与其他寺庙壁画以青绿色为主有所不同。也许此庙的主旨贴近人世，以朱砂为主的暖色调会使观众感到亲切。

图例一　往古贤妇烈女

此图中皆为中年女性，虽未说明女性姓名，但应为当时观众所熟悉的贤妇烈女。共六位女性，她们的表情姿态端庄肃穆，使人产生敬仰之感。从她们的服饰来看，应为宋代妇女常服。尤其是头饰，每位女性都有将发髻用布或丝质头巾包裹起来的样式，这与山西太原宋代晋祠中的众多侍女都包头巾的样式相同。所以能肯定此明代重修的壁画应有宋代壁画粉本为依据。

图中6位女性有4位着红色和粉红色衣裙，4位带红色头巾，2位着蓝绿色上衣者有红色腰带，另一幼儿也着红色上衣和兜肚。可见此铺壁画以红色为主调很有道理。

毗卢寺壁画　图例一　往古贤妇烈女

图例二　元代服饰风俗画

河北毗卢寺壁画上出现元代人物实为罕见，应为元代重修此寺时增补上的。元代将民众分为多个等级，第一等级为蒙古人；第二等级为色目人……此图中着元代服饰的人物有五位，其中三位应为蒙古人；另外二位深目高鼻，应为色目人。蒙古人中戴毡帽者有一位手执一叠白纸，有一位正在看双手展开的一页横长形白纸正面的文字，很显然是两位文官。此二文官的服饰似已汉化，而且都是右衽，据记载当时蒙古服饰是左衽。另外三人都是穿武将服，也是汉服样式。有趣的是二位蒙古文官并无儒雅表情，似乎有些勇猛，也许此组人物为汉人画家所绘，因此没有刻意美化他们。

此寺壁画构图变化较多，可能与内容为佛、道、儒三教合一比较繁杂有关，但杂而不乱、乱中有序也属不易。壁画绘制的颜料以矿物颜料为主，并且还有堆金沥粉的精致绘制。全图色彩丰富、对比强烈，形成金碧辉煌的效果，有很强的视觉冲击力。此寺的全部壁画加上立体的神佛塑像以及整体建筑（包括藻井图案）会形成既庄严又神秘的宗教气氛。

毗卢寺壁画　图例二　元代服饰风俗画

十一、汾阳圣母庙壁画北壁局部

圣母庙，位于山西省汾阳西北之田村。现存建筑为明代嘉靖十八年（1539）重建。因缺详细资料，只能推论"圣母"与中国古代本土传说中的"西王母"有关，而与宗教无关。所选壁画为圣母庙主殿北墙《燕乐图》局部。据资料介绍："《燕乐图》中，虽不如东西两壁场面恢宏，但众多的仕女、乐伎的优美身姿，传神达意，俏丽生动。不同的组合、动态的变化，使整个画面起伏有别、生动活泼。壁画的作者不描写演奏的场面，而是抓住了演出前的瞬间，打破了呆板的构图，使画面生动活泼、充满动感。"画中弹琵琶者在调弦、吹笙者在试音，还有执各种乐器者，众乐伎都在行进中，且顾盼有致、举止娴雅，显然是从现实生活中观察而来。

其设色以矿石颜料朱砂和白色蛤粉为主色，技法为传统的单线平涂的勾填法。加之堆金沥粉法，使全壁画富丽堂皇、瑰丽无比，且又艳而不俗。

汾阳圣母庙壁画北壁局部

十二、唐卡《白度母》

此幅唐卡是我1958年购于北京琉璃厂某画店，是在叶浅予先生介绍唐卡是值得工笔重彩画家借鉴之后所购。当时唐卡没多少人重视，所以价格很低。画中白度母表现得很美、很慈祥，也很有人情味儿。此画尺寸不大，约33厘米长，23厘米宽。以白度母为主体，四周为天空、云朵、花草、吉祥物等，与其他类似唐卡相比画面比较单纯。

画面为蓝绿色调，红色等暖色比较少。衬托出白度母的浅肤色和粉红色的莲花座。此小幅唐卡的特点主要是技法非常精细，尤其是泥金的细笔勾描让人叹为观止。

唐卡是用白棉布为基底材料，将白棉布绷框后，上涂西藏江孜白土。此白土我于1982年在西藏江孜购得，感觉十分细，色相又较白，很适合做底色。待白粉干后，要用很硬很细的石块打磨，使白粉底犹如丝织品般细柔。因为不论巨幅或小幅的唐卡绘制效果都要求十分精细，略为粗糙的基底都是达不到此精美效果的。

唐卡上的金线勾勒都用真金粉加胶勾描而成。此唐卡画幅很小，因此金线很细，这从白度母背后的佛光勾勒的细金线（密集状）可以看清此画师功力不凡。唐卡画师多为喇嘛，凭他们对佛教的虔诚及心静的精神状态才能这样细致到极致地去作画。令我更为惊奇的是白度母裙子上平涂金粉后，为什么还有很明亮的金色小图案？这是如何画的？直到1983年我在拉萨访问一位70多岁的唐卡画师时，我向他请教泥金上怎样有更明亮的纹样。他拿出一支笔尖上有一类似圆珠笔的极小玉石制的球状笔尖时说："就是这种很硬的小球笔头在泥金底上画（实际上是压）出明亮的金色纹样的。"我才恍然大悟。这种特殊的作画工具我是第一次看见，我惊叹藏族画师具有创新精神和工匠精神。

唐卡《白度母》

　　近两年我又了解到拉萨有种"扎西彩虹"牌颜料上市，大部分为天然矿物颜料，所用矿石全部产在西藏，该厂还聘请高水平的唐卡画师指导唐卡颜料的生产。唐卡颜料其实与我们中原地区传统的矿物颜料、植物颜料等是同一传统。据说唐代文成公主进藏时，她带去许多工匠，其中就包括佛教艺术的画师和塑像师。当然在悠久的历史长河中，藏传佛教艺术也会受到周边东南亚佛教艺术的影响。西藏大学已成立唐卡系，这使传统的唐卡艺术从传统走向现代（包括画材）指日可待。

十三、任熊《十万图》之《万峰飞雪》

任熊是19世纪上海画坛著名画家，字渭长，生于1823年，卒于1857年。他是浙江萧山人，其作品题材广泛，人物、山水、花鸟均有所涉及，画风工整、色彩浓丽。他与任薰、任颐（伯年）并称为"三任"，他们继承明末工笔重彩画家陈洪绶的风格并有创新。此《十万图》组画10幅全用泥金纸，画幅尺寸不大但极为精致，且选景每幅都有特点，绝无重复或类似之处。

《万峰飞雪》是一幅雪景山水图，画幅不大，约一尺多高，竖幅。画虽小但是境界却大，画中有多座山峰、树林、坡地，皆有白雪覆盖，使观者赏心悦目。此画用泥金纸为底，基本为没骨画法，不显露线条，但画中山峰树木皆造型严谨，层次分明，是一种写实性与装饰性相结合的画风。泥金是一种中间色，能与各种色相配合。画中山峰用蛤粉以皴染结合的小写意法画出，显得画面十分灵动。树木用了墨色，但有浓淡变化。此画用色简单，但并不感到单调，反而感到丰富。中国画"六法"之一的"随类赋彩"有时是画家个人感受的色彩表达，并非指现实中的真实色彩及色彩之间的关系。画家为了强调白色的雪的艺术之美，就将其他不需要之色减去了，或是简化成了一种暗金色。艺术之美与真实景象并不相同，艺术之美是理想之美，是人类的一种较高的审美情感。

《十万图》之《万峰飞雪》

十四、任熊《十万图》之《万点青莲》

此幅选荷塘为题材，是大片荷塘，并非几丛荷花与荷叶。有两大块太湖石在荷塘边，是中景荷塘，这样的构思与构图比较少见。画家描绘的是夏日一景，炎炎夏日正需要在清凉的水边观赏荷花——绿色荷叶和雪白荷花，加上微风徐来，暑气自然全消。这是再平凡不过的夏日小景，但在任熊的营造下却几乎成为凡人不可及之仙境，这大概就是画家意匠的魅力。

《万点青莲》用泥金纸做底，用墨色勾染太湖石、前景中荷叶轮廓及水草。用四绿、五绿画荷叶，用四绿画荷叶正面，用五绿画荷叶背面。荷花用蛤粉描绘。画面只有四种色，包括暗金色的泥金底、墨色、绿色、白色。本画很好运用了色彩"损之又损"的极为简练的表现手法。

中国画崇尚简约，此画构图、色彩、技法都做到了简之又简，给观者以充分的想象空间。

《十万图》之《万点青莲》

十五、任伯年《群仙祝寿图》

近代的任伯年（1840—1896）多画小写意笔法的画，但他的工笔重彩人物画也十分精彩。此幅为十二条通景屏，长206.8厘米，宽59.5厘米，约作于1877年至1878年间，上海美术家协会藏。

此画显然是某富豪为其长辈祝寿请任伯年绘制的画作。此十二条屏全为泥金（真金粉）涂满于画纸上，此泥金底纸当时有售，价格很高，绝不是一般藏家或画家所能承受的。且画中天然矿物颜料也用得较多，颜料也是昂贵的。任伯年此画在构思、创意、章法经营、人物和山石、树木、花草、动物等造型方面极尽精致，确为呕心沥血之作，应为他的代表作之一。

此十二条屏为传统图式之一，总体画幅并不很大，但却有巨作的气势，显然类似古代壁画。在此不太大的画幅中有天空、云气、海洋、陆地、山石、树木、花草、庭院、建筑、多种人物（约40多人）、动物等。画中内容丰富、乱中有序，只有别具匠心的画家才能画出。此画选用金粉底是泥金的金色，不太亮，如用金箔底金色就会显得太明亮而夺去石色及各种造型的光彩。此暗金色形成大上仙境而非人间的境界，可见此泥金纸画材选料准确，并非只为贵重。从布局上看，全画云气所占面积较多，十二条屏最上面从左至右一条稍宽的白色流云贯穿全图，起了稳定构图作用。中间开始向右上方微斜上去的流云，形成另一种贯穿七幅画面的倾斜的势。这向右方倾斜的势与人物、山石、树花、荷塘、建筑等约占九条屏的势形成全图的平衡关系。这三条大势：一条贯穿全画的基本水平的势、一条向右上方、一条向左上方不同方向倾斜的势，三者成为全图最基本的动势，使全图繁而不乱又错落有致，形成统一又有变化的布局。

群仙祝寿图（局部）

　　在技法和画材方面，任伯年完全继承传统的工笔重彩法，但为了突出泥金底，他所用的石色都是用薄染法，即涂完石色后，石色下面会微微露出金色来，使石色更显色相之美。当然，比较透明的水色（墨色、花青、胭脂等色）更能显出下面的金色微光。这样就使全图色彩与金底浑然一体。

　　任伯年将传统文人气质的工笔重彩与古壁画装饰性强和色彩鲜艳的特点极自然地结合在一起，也属于雅俗共赏的艺术风格。画中的西王母、八仙、寿星老等是道教及中国古代传说中的人物和神仙，皆为中国老百姓所熟知，观众感到有亲切感。天上人间似乎融为一体，尤其那些准备宴饮、演奏乐器的女性占据画面不小位置，更让观者赏心悦目。

　　恰当的技法与画材是为好的创意服务的。为技法而技法、为材料而材料、画什么不重要怎么画才重要的论点都是不完全正确的。

十六、任伯年《牡丹孔雀图》

任伯年为清末民初的著名画家，他人物画和花鸟画兼能、工笔重彩和写意俱精。此幅任伯年的花鸟画，是他工笔画中少见的重彩画。此画现藏于中国美术馆，我亲眼见到过原作。

此画为立轴，长124.5厘米，宽60.8厘米，作于1879年，为绢本朱砂底。

此画构图甚为别致，正是任伯年一贯风格，以一对雌雄孔雀为主体，雄孔雀在前，雌孔雀在后，雄性头部很明显，但雌性头部却在雄性腿之间，如此布局甚为少见。前方为一石块，是雄性站立之处，雌性站立在石后草丛上。牡丹在孔雀后边，用笔似小写意；牡丹之上为大叶树，有部分枝干。雄性的尾部应有孔雀翎多处，但画家并未画出，只淡扫过去，只突出两只孔雀上半身。以上这些都是任伯年意匠经营不同于一般画孔雀的别有情致之处，是值得特别留意之特点。

此画的技法是先平涂朱砂色为底色，再用真金粉和真银粉调和恰当之胶后，用笔沾金银色以写意笔法绘制。画家每一笔都是一次完成，并不渲染，只是每一笔所调的金银色有浓淡之别，并不重复。从画面效果看：有些笔是用纯金

牡丹孔雀图

粉，有些笔是金粉和银粉调和的金银合色，有些金粉还不是一种成色（例如有24K金或18K金、14K金，24K金偏红色、14K金偏淡黄色）。总之，任伯年此画上的金色是不同的金色且很有变化。只遗憾其中银金属是不稳定金属，时间久了会氧化或硫化而变深，此画在刚完成时必定比现在的效果更为亮丽。

我所创作的《木棉花开》，是在朱砂底上用金云母按工笔技法画成的，正是受任伯年此画的启发。金云母为天然矿物，且色质细腻又呈半透明状，便于渲染又比金粉便宜许多，云母色质稳定不易变色，正好代替金粉。

十七、于非闇《玉兰黄鹂》

　　于非闇（1889—1959） 先生是20世纪著名工笔重彩花鸟画家，也是著名的中国画传统颜料研究专家。1955年，我曾聆听过于老的讲课，也多次欣赏过他这幅画。前些年，我在中国美术馆又见到此画，每次观赏时都感到此画就像昨天才画完一样。这与于老在此画上用了美丽的石青（三青）做底子有关系。石青（蓝铜矿矿物制成）不但色相高贵美丽而且色质稳定不会变色，这已由保存至今千年以上仍保留鲜明色相的古画得到证明。石青并非纯蓝色。蓝铜矿

玉兰黄鹂

制的石青是蓝中偏绿，接近水彩色中的群青色加普蓝色的调和色。但是由青金石制作的石青色是蓝中偏紫。

　　玉兰花是北方春天最早开的花，花形较大、色相以白色为主，最早带来春天的气息。现在，玉兰花已经过育种可以在北京庭院中大量种植。但在20世纪五十年代，如果想观赏玉兰花是需要到颐和园、戒台寺等名胜处才能看到的。于老选择玉兰花为题材正因为它是当年稀有之花卉。他将石青代表蓝天并衬托出洁白疏密有间的玉兰花，这种配色是合乎自然又是极富单纯的审美的。画中还有两只相互之间似有对语的黄鹂，使画面产生静中有动的感觉。黄鹂的黄色应为石黄所绘（是中黄色相）。画中只有蓝白黄三色，黄鹂身上略有黑色，于老此作符合"简之又简，损之又损"的中国美学原则，体现出中国北方春天的浓浓暖意和万物从此向着百花争艳的盛期发展的前景。

　　绘画中最好的创意、构图、造型、色彩经常是以看似平凡的景色取胜，需要具有一颗平常心去感受生活，才能发现平凡中的美。

十八、李可染《万山红遍》

李可染（1907—1989）先生的《万山红遍》作于1963年，是他少有的水墨重彩作品，画的是毛主席词意。为充分体现词意的境界，李先生用了大量朱砂在画上。据了解，李先生的山水画中这样用朱砂的作品只有7幅。当年李先生为画此画，从中药店购来做药材的真正朱砂颗粒，亲自研磨成粉，并研漂多次，使朱砂色粉的红色适合此画上所用（朱砂颗粒粗细不同会呈现出不同深浅的红色）。为得到适合画面上所需的红色色相，李先生是颇费苦心的。

我分析此幅重彩与水墨结合的作品，李先生是先用墨色将水墨层次先画完，即将山形和结构、山的层次虚实关系等全部画充分，然后再上朱砂色。他用朱砂的绘制方法并非传统青绿山水的常用石色渲染法（如宋代王希孟《千里江山图》），而是使用水墨的皴擦点染等技法。作者运用丰富的水墨技法打底，衬托出出人意料的厚实而又有变化的美感。此种水墨技法与朱砂石色结合的方式在古代画家的作品中从未见过，这是李先生的独创。

此画中的白色瀑布、流水、房屋是留出的白宣纸色，并非用白粉。这也是有难度的。

我曾受到李先生《万山红遍》的启发，在2011年画了一幅《野柳夜色》，是画在绢上的。用日本产的仿宋代的粗丝生绢，也是用墨色打底，且用皴擦点染法将墨色画够。然后用不同色相的石青色在墨色上也皴擦点染，再用石青平涂夜空和水面，造成水天一色的效果。许仁龙的《万里长城》也属于此类水墨重彩。画家应根据创作需要去创造更符合时代精神与美感的现代重彩画。

万山红遍

十九、中世纪印度拉贾斯坦地区宫室壁画《刺绣》

2011年12月，我随中国画家代表团赴印度北方访问与考察，随团考察了一个王宫，为那里精美而绚丽的壁画感到惊奇。首先它们表现的是王宫世俗生活，而非宗教壁画表现的天界，使观者感到亲切。我后来在新德里国家博物馆购到一本大型画集《拉贾斯坦的壁画》，其中所选大部分为王宫壁画。这些壁画题材很广泛，有狩猎、娱乐、宴饮、歌舞、游船、游泳、庭院、戏曲、战争、汲水、巡行等。画面内容有多人场景、人物建筑、人物风景、作战场面、斗兽场面等。这些壁画的艺术风格是多元的，有些很细致，类似古波斯细密画，但也有些作品很粗犷。这些壁画多为12世纪至16世纪作品。

此壁画中表现出两位女性坐姿，左边女性左手执一类似现代画板的东西，右手执一类似缝针之物，画板上的白描男性全身肖像好像是正在开始刺绣之物。右侧女性右手抬起，似在指导左边女性的活计。这是宫廷女性生活小场景，画得温馨生动。

朱砂色背景衬托出两位女性的强烈色彩：一位为浅蓝色皮肤，另一位为深粉色皮肤，两种肤色可能代表了印度的不同种姓。右边女性着黑色衣裙；左边女性上衣为鲜黄色，下裙为土红色。右边女性坐在石青色坐垫上。此壁画色彩虽对比强烈，但有两大块黑色（还应包括人物的黑发）将它压住，做到了色彩协调。

全画技法似为单线平涂法，但线条较细，远些看近似中国"没骨画"。面部有些渲染，背景和服装及坐垫是平涂。整体画面充满装饰意味。

印度拉贾斯坦地区宫室壁画《刺绣》

二十、中世纪印度宫室壁画《夜晚游园》

　　此幅是宫廷中两名女性结伴在夜晚的花园中游玩的情景。背景为深蓝色夜空，有点点星辰、花树占了画幅上方和左右三面，但与夜空相融并不显得太突出，只突出了两名女性。两名女性穿着盛装，衣裙以蓝白二色为主，红色不多。她们的表情安适愉悦，形象秀美。

　　印度壁画几乎全有浓重的底色，以衬托和渲染画面气氛，也形成瑰丽的色彩效果。印度画家的壁画用色与中国、西方诸国是相同的，都是以天然矿物颜料、植物颜料、金属颜料为主。因为在18世纪以前只有极少数的化学颜料，例如红色（硫化汞，名银朱）、橘色（硫化砷，名樟丹）、白色（氧化铅，名铅粉）等。这些人工合成颜料色质不稳定，不可用于重要的壁画上，因此古印度重要壁画保留至今仍然色彩鲜明。

　　此画四周还有两层图案边饰，好像现代绘画边框，其图案复杂精美，在室内起到很好的装饰效果。两层图案设计不同，皆为二方连续法，并以花朵与花叶为组合。

　　画中人的面部造型精心刻画，并略有渲染。女性服饰的头巾和披纱部分描绘特别精细，纱上纹样勾描一丝不苟。印度因天气炎热，王公贵族男女性多着纱衣，故壁画中人物着纱部分成为画家精心绘制的重点，且成为全画的亮点。

印度宫室壁画《夜晚游园》（局部）

二十一、中世纪印度宫室壁画《狩猎之前》

此幅画描绘了5组宫廷中皇室人员的日常活动。左边是3组男性正按摩手、足、臂的情景；右下方一男性像是在撑开一张弓，其后方一男性在试吹海螺的号角；右上方一男性躺在榻上，四周有活蛇围绕。五组男性人物的活动，好像是在做狩猎前的准备，看上去十分有趣味。

此壁画全图涂有灰草绿色底色，也许是象征在草地上的活动。画中十位男性的肤色全为蓝色，印度宫室壁画中多把强有力的男性涂成蓝皮肤。画中无鲜明之色，其红色为暗红色（土红或赭石）。只有人物的头上、颈胸部、手臂、腰部、足踝等处有白色珠串，以显示男性的尊贵。

全图黑色线条比较突出，用色基本上是粉质颜料（应为中间色石色）。技法是平涂法，看不出有渲染。装饰性强，人物有些夸张，头部都大一些，体型皆粗壮有力，带些稚拙味道。

宗教壁画是为寺庙洞窟的主体神像立体雕塑做衬托的，虽有一定的独立性，但基本上还是起陪衬作用。而宫室壁画却是完整的作品，因此画家作画只考虑画面本身不必考虑其他因素（需要考虑与建筑的协调）。所以我认为中外各国的宫室壁画以及墓室壁画应当是现代画家研究和借鉴的重点。

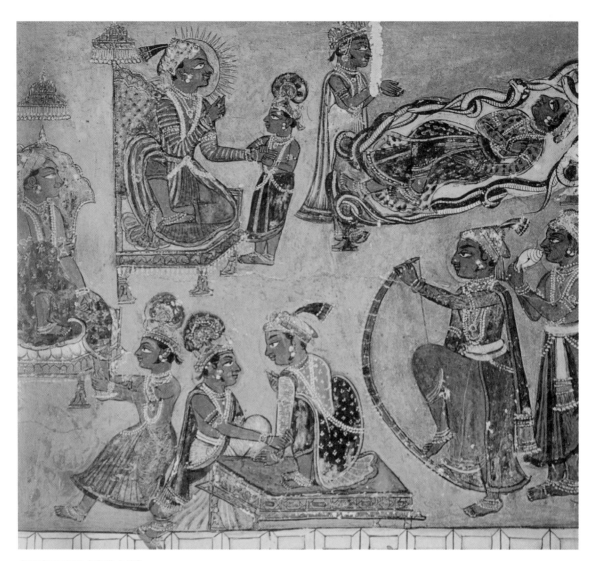

印度宫室壁画《狩猎之前》

二十二、18 世纪日本屏风画——尾形光琳《燕子花图》

20世纪60年代初我曾在北京看过日本画家尾形光琳（1658—1716）的《红白梅图》屏风等作品，当时感到他的作品色彩浓烈而单纯，但又东方味道十足，印象深刻。2015年春，我在东京根津美术馆参观尾形光琳作品的专题展，尤其是他的大型屏风画《燕子花图》后，印象更为强烈。我是先在美术馆外排队买票，进馆后又排队一步一步地将《燕子花图》屏风欣赏完的。欣赏完全部作品后，我又在美术馆外园林中的水池里种的燕子花旁流连很久。

燕子花在中国称鸢尾，本来是一种野花，是不登大雅之堂的。尤其鸢尾花是蓝紫色的花，中国古人认为此冷色不吉，故画中极少表现。日本人却独尊蓝色，例如尊崇石青色，他们认为石青色很高雅又尊贵。日本画家将从中国唐代传过去屏风画这种形式一直保留至现代。日本是多地震国家，故多建轻型建筑，不宜发展壁画，因此日本只发展障壁画（如东山魁夷为唐招提寺画的巨幅障壁画多幅）和屏风画。

尾形光琳为18世纪日本著名画家，他所创作的《燕子花图》屏风为六曲一双屏风，其尺寸为长358.8厘米、宽151.2厘米，纸本金箔底。

此屏风画为贴真金箔在纸上做画底，因日本金箔比中国金箔厚一些，所以方形的金箔贴在纸上面，金箔与金箔之间重叠部分会形成略高的痕迹。全部金箔贴满在纸上，各个金箔之间重叠之处形成的痕迹在全金色底上形成许多方格。许多略有不同的金色方格也是一种特点，或者说也是一种美感。中国金箔更薄一些，在纸上满贴金箔后，各个金箔之间并无痕迹，似乎是一大张巨幅金箔贴成一样，那是另一种艺术效果。

《燕子花图》屏风（局部）

　　尾形光琳此画是用的没骨法，即不勾勒墨色线，纯用毛笔蘸了石色直接画在金箔底上。这需要画家胸有成竹，对全画布局了然于胸，下笔才有神，也就是写意的画法。因为画较大，横长为358.8厘米，也许画家绘有小色彩稿。但制作每一朵花和每一片叶都是一次完成的，不可能修改的。从完成的作品来看，全画错落有致、疏密有间，极为自然。

　　全画只有3种色，即金色底、石青色花、石绿色叶片。鸢尾花本为深紫色，但画家却用了蓝色——石青色。因为天然矿物颜料中并无鸢尾花同样的深紫色，画家本来可以在石青的蓝色上加染一层西洋红，就变成深紫色花了。但画家并未这样做，而是保留了石青色原来的蓝色的美丽色相，即蓝铜矿制成的石青色的色相美。这是艺术的真实，并非自然的真实。石青的蓝色与金色背景之间的色彩关系是更加协调的。鸢尾的长形叶片画家用了较深的石绿色绘制，也十分协调。鸢尾花的花形是较复杂的，尤其是花蕊部分，画家却将鸢尾花做了艺术性的简化，只画鸢尾花的大的、整体的形态与姿态，并不追求细节。这也是尾形光琳的高明之处。

　　日本大和民族对绘画中的装饰美情有独钟，在中国画家眼中，尾形光琳的《燕子花图》在艺术上是装饰美感与写意美感的完美结合，故能欣赏日本画家的意匠和意境。同为东方民族，我们的审美和艺术情趣是有不少相似之处的。

二十三、日本伊东深水《春宵》屏风画

伊东深水（1898—1972），日本近代著名美人画画家。日本的美人画与中国的仕女画不同，它是明治维新（1868年开始）后新兴的表现当时新女性题材的画种，与中国仕女图只画古代女性题材完全不同。伊东深水的美人画是在日本大和绘和浮世绘的传统绘画的基础上，吸收了西方绘画的造型和色彩，因此能将他所处时代的新女性充分地加以表现，展现出她们各方面的生活情致与情趣。伊东深水24岁时所画的《指》已经在日本画坛引起广泛关注。伊东深水又深受中国工笔重彩画的影响，而中国的工笔重彩画家从20世纪40年代起也对近现代日本美人画很注意研究和借鉴。我本人在20世纪50年代中期在叶浅予先生的介绍下临摹过铃木清方、上村松园、伊东深水等美人画画家的作品，感到他们有很高的艺术造诣。

《春宵》屏风画是伊东深水的代表作之一，作于1954年，纸本彩色、4曲1双屏风，尺寸为长261厘米、宽174厘米，应为巨制。画家当年为56岁，应为他的黄金创作时期。《春宵》描绘的是日本传统歌舞伎的后台，演员们正在化妆，还有协助化妆的人员。画中人物神情和姿态各异：有的已化妆完毕等待出场，有的已大部分妆成后坐在那里酝酿情绪，有一位还在镜前涂口红，另一位女性正在整理服装。画面上人物安排自然生动，一如真实的后台场景，包括镜子多面、衣箱和坐垫等物件。

此屏风为真金粉做底（日本称"金泥"，中国称"泥金"），金粉色不太明亮，是一种中间色。伊东深水很懂得色彩，此屏风不但金底色是中间色，而且全画也是以中间色为主，如深驼色、灰赭色、灰白色、深灰色等。鲜明的朱砂和石绿色不但面积小，而且选用不太鲜亮的色相。因此整个画面显得典雅而又和谐。令人惊讶的

是画面后方的三面台灯，为了不使它们太突出，只在金底上有淡墨色染出，与金底色融为一体。20世纪50年代中期，日本已是和平时代经济复苏时期，日本的矿物颜料已开发出不少新的品种，从《春宵》屏风画上的石色品种的多样已显露出此成果。

日本大和民族是喜爱色彩的民族，中国的水墨画在日本传播了一千年，至今发展并不广泛。但中国的工笔重彩画从唐代传授过去以后，至今从未间断，而且在近150年中突飞猛进竟成为日本画坛主流。日本画就是重彩画，日本画家都十分尊崇中国的敦煌壁画，以日本画大师平山郁夫为代表，他曾多次去敦煌采访和考察。中国古代的重彩画确实在日本生根发芽并开出灿烂之花。

《春宵》屏风画

二十四、克里姆特《贝多芬墙角装饰画右壁》

克里姆特（1862—1918）是近代奥地利维也纳分离派大师。他的绘画风格非常独特，曾绘制过很多壁画，他的绘画风格为鲜明的装饰性与绘画性相结合的特点。他的父亲是来自波希米亚的金饰雕刻师。克里姆特8岁随父亲移居维也纳，14岁进入奥地利艺术工艺博物馆附属工艺学校学习。他的壁画中的装饰之美和使用大量金银箔的华丽精妙的技巧是有其家传和学习渊源的。维也纳许多公共建筑至今都保存着克里姆特设计和绘制的壁画。

克里姆特还喜欢东方美术，如印度、日本、中国等国的绘画，他还收藏不少东方国家的绘画和艺术品。我们从他的众多作品中，是可以看到上述东方民族绘画和工艺的影响的。

这里所选克里姆特在1902年为维也纳剧场所绘制的《贝多芬墙角装饰画右壁》（局部），其原作尺幅很大。我有幸于1985年冬在巴黎参观"19世纪末至20世纪初奥地利艺术展"，又在1989年11月在东京重看此展，作为重点展出的克里姆特的大型壁画作品的绚烂豪华的装饰美深深感动了我。他用了许多真金箔在画面上，且金箔与其他色又很协调，同时也有绘画的美感，做到了艳而不俗的效果。当时我就想到画面中的一组现代女性表现出的韵律很像贝多芬《第九交响曲》中最后乐章的合唱部分。但画中的女性形象却不完全似世间凡人而略有仙气，超凡脱俗的浪漫气氛正是克里姆特的独特风格。

此画中女性的面孔和手用的是线条勾勒和略施渲染的写实手法，而女性们所着红衣和衣上的金色竖条纹饰又是以平面手法来表现的。这种表现艺术和技法也常常出现在现代中国工笔重彩画中，这正好说明克里姆特学习和运用了有东方绘画特色的装饰性。他壁画作品中的色彩也说明中国绘画中"错彩镂金"的传统美感在西方绘画中也被引用。

贝多芬墙角装饰画右壁（局部）

附　录

中国重彩画大事记

（1998—2019）

中国重彩画大事记

（1998——2019）

1998年3月—8月

第一届中国重彩画高级研究班开班（文化部教育科技司主办）有学员37名。蒋采蘋为主持人，教师有胡明哲、许仁龙、张导曦、郭继英、王雄飞，特聘教授为市川保道（日本多摩美术大学　日本画科主任）。此次结业展在中国美术馆举行。

1998年秋

文化部文化科技开发中心投资并监制生产蒋采蘋研制的高温结晶颜料（人造矿石颜料）。

1999年3月—8月

第二届中国重彩画高研班开班，由文化部教育科技司主办，有学员42名。蒋采蘋为主持人，教师有苏百钧、张导曦、许仁龙、王小晖、郭继英。特聘教授为上野泰郎（日本美术家联盟理事长、多摩美术大学教授）。此次结业展在中国美术馆举办。

1999年7月

《现代重彩画》画集由山东美术出版社出版。

1999年7月—8月

第三届中国重彩画高研班（中日专家班）开班，由文化部中国艺术科技研究所主办（原文化部科技开发中心）。蒋采蘋、上村淳之（京都艺大副校长）为主讲人，教师有刘新华、唐秀玲，有学员31名。

1999年7月

蒋采蘋著《中国画材料应用技法》（第一版）由上海人民美术出版社出版。

2000年3月—7月

第四届中国重彩画高级研究班开班，由文化部中国艺术科技研究所主办，有学员42名。蒋采蘋为主持人，教师有许仁龙、张导曦、唐秀玲、林国强。

2000年7月—8月

第五届中国重彩画高级研究班开班，由文化部中国艺术科技研究所主办，有学员15名。蒋采蘋为主持人，教师为张小琴。

2000年

由中国广播音像出版社录制的蒋采蘋讲《工笔重彩人物画技法与创作》教学光盘发售。

2001年2月

蒋采蘋著《中国画材料应用技法》（第二版）由上海人民美术出版社出版。

2001年3月

蒋采蘋、上野泰郎、胡明哲、许仁龙、张导曦、唐秀玲、郭继英合著《名家重彩画技法》由河南美术出版社出版。

2001年3月

蒋采蘋研制的高温结晶颜料获国家知识产权局发明专利证书。

2001年5月

中国首届重彩画大展举办，有200位画家参展。此次大展由中央美术学院、中国美术家协会主办。展览地点为中央美术学院美术馆，靳尚谊出席开幕式。同时由河南美术出版社出版《重彩画风》画集。

2001年9月—2002年7月

第六届中国重彩画高研班由中央美术学院主办，有学员27名。此次结业展在中央美术学院美术馆举办。蒋采蘋为主持人，教师有苏百钧、唐秀玲、许仁龙、张导曦、许俊、郭继英、郭宝君、潘缨。

2002年4月

蒋采蘋任所长的北京丹青画材研究所成立，生产销售高温结晶颜料。

2002年5月

牛克诚著《色彩的中国绘画》由湖南美术出版社出版。

2003年

蒋采蘋主编《中国重彩画》由北京工艺美术出版社出版。

2003年1月—4月

蒋采蘋受聘于香港中文大学艺术系，讲授中国重彩画创作与技法课程。

2003年

由北京世纪晨曦文化发展有限公司录制，蒋采蘋讲授《中国重彩画材料与技法》教学光盘出版发售。

2003年6月

蒋采蘋、唐秀玲合著《工笔人物画技法新编》由浙江人民美术出版社出版。

2003年12月

张导曦编著《现代重彩画金属箔表现技法》由岭南美术出版社出版。

2003年

"回顾与展望——中国重彩画邀请展"在中国美术馆举办。主办单位为李可染艺术基金会和吴作人国际美术基金会。

2004年

山东艺术学院美术学院成立王小晖重彩画工作室。

2004年4月

《蒋采蘋文集》由中国文联出版社出版。

2005年9月—2006年7月

第七届中国重彩画硕士课程班由中国艺术研究院研究生院主办。导师为蒋采蘋，教师有刘新华、唐秀玲、王小晖、许仁龙、张小琴、郭继英、潘缨。招收学员32名，加蒋采蘋同时招收博士生2名、硕士生1名，共计35名。此次结业展在炎黄艺术馆举行，同时由文化艺术出版社出版画集。

2005年

天津大学工笔重彩画研究所成立，刘新华任所长，招收硕士生、博士生。

2006年9月—2007年7月

第八届中国重彩画硕士课程班开班，由中国艺术研究院研究生院主办，有学员38名。导师为蒋采蘋，教师有唐秀玲、许仁龙、郭继英、潘缨。此次结业展在炎黄艺术馆举行，并出版画集。

2006年

首都师范大学美术学院成立重彩画技法材料工作室，郭继英任主任。

2007年8月1日

经中国美术家协会批准"中国重彩画研究会"成立。

2007年9月—2008年7月

第九届中国重彩画硕士课程班开班，由中国艺术研究院研究生院主办，有学员34名。导师为蒋采蘋，教师为唐秀玲、许仁龙、郭继英、潘缨、赵栗晖。此次结业展在中国艺术研究院主楼举行，并由文化艺术出版社出版画集。西安美术学院成立工笔重彩画研究所，张小琴任所长。天津美术学院成立重彩画技法材料工作室，赵栗晖任主任。

2008年1月

唐秀玲著《重彩技法语言解析》由江苏美术出版社出版。

2008年5月

深圳市文博会中国重彩画展由中国美术家协会中国重彩画研究

会主办，重彩画高研班部分学员参加了展览。

2008年9月—2009年7月

第十届重彩画高研班开班，由北京大学中国传统文化艺术研究所主办，有学员28名。导师为蒋采蘋，教师有苏百钧、唐秀玲、许仁龙、郭继英、王小晖、郭宝君、赵栗晖、金瑞。此次结业展在北京大学图书馆举行，并出版画集。

2009年5月

深圳市文博会举办中国重彩画展，此次展览由中国美术家协会中国重彩画研究会主办，并出版画集。

2009年4月—9月

第十一届中国重彩画高研班开班，由清华大学美术学院主办，有学员19名。教学总监为蒋采蘋，教师有陈子、傅春梅。6月19日，"继往开来——蒋采蘋从教50周年师生作品展"在中国美术馆举行。此次展览由中国艺术研究院研究生院、中央美术学院美术馆、中国美协中国重彩画研究会主办，文化部艺术产业司谢锐副司长、中国艺术研究院高显莉副院长出席。同一日，中国美术家协会"中国重彩画研究会"成立大会在华侨大厦举行，同时举行蒋采蘋教学研讨会，主持人为牛克诚，与会者有薛永年、夏硕琦、陈醉、刘曦林、尚辉、王志纯、郑工、王天胜等一百多位理论家和参展画家。

2009年9月—2010年7月

第十二届中国重彩画高研班开班，由中央美术学院主办，有学员24名。导师为蒋采蘋，教师有苏百钧、唐秀玲、许仁龙、刘临、郭宝君、潘缨、刘山花、罗寒蕾。

2009年9月—2010年3月

"两岸重彩画交流展"在台湾淡江大学和台北历史博物馆举行。

2009年12月22日—30日

"两岸重彩画交流展"主办单位之一中国艺术研究院派出刘茜副院长为团长，牛克诚为副团长的10人代表团，团员蒋采蘋、张鸿飞、韩学中、潘缨、张见、杭春晓、叶健、张馨之赴台北参加画展开幕式和学术研讨会，参加交流展画家双方各50位。出版画集《两岸重彩画交流展》和《两岸重彩画传承展》，蒋采蘋在学术研讨会上发表题为《中国画传统"六法"美学体系的再认识》。

2010年5月

由中国美协中国重彩画研究会主办深圳市文博会中国重彩画展，并出版《中国重彩画集》。

2010年9月

《中国重彩画集——第十二届蒋采蘋工作室结业师生作品展》由天津杨柳青画社出版。

2010年11月

"重彩·创造"——中国重彩画获奖作者作品展在北京画院举办，并由文化艺术出版社出版《重彩·创造》画集。

2011年9月—2012年7月

第十三届中国重彩画高研班开班，由中央美术学院主办，有学员62名。蒋采蘋为教学总监，苏百钧为导师，教师有蒋采蘋、苏百钧、许仁龙、唐秀玲、潘缨、金瑞。此次师生结业作品展在中央美术学院教学美术馆举行。《2012年中央美术学院中国重彩画高研班作品集》由江西美术出版社出版。

2013年11月

"蒋采蘋从艺60周年画展"在中国美术馆举行，主办单位为中央美术学院、中国美术家协会、中国美术馆，同时由人民美术出版社出版《蒋采蘋画集》，荣宝斋出版社出版《蒋采蘋粉画集》。

2014年9月—2015年6月

蒋采蘋主持第十四届重彩画高研班开班，由中央美术学院主办，有学员31名，副导师为金瑞，教师为张世彦、刘金贵、郭继英、潘缨、金纳、金瑞、孟繁聪。师生结业作品展包括在2015年举办的"美丽中国——中国重彩画作品展"中。

2015年6月17日—25日

"美丽中国——中国重彩画作品展"在中国美术馆举行，参展画家一百五十余位，主办单位为中央美术学院继续教育学院、中国美协重彩画研究会、中国画学会、李可染画院。《美丽中国·中国重彩画集》由天津杨柳青画社出版。

2015年9月—2016年7月

蒋采蘋主持第十五届重彩画高研班开班，主办单位为李可染画院，有学生30名，副导师为潘缨，教师为张世彦、郭继英、许俊、赵栗晖、刘山花、孟繁聪。此次师生结业作品展在李可染画院美术馆举行。《中国重彩画集》由中国书店出版。

2015年9月

"美丽中国——中国重彩画作品展"在李可染画院巡展，展览由中国美协重彩画研究会、李可染画院主办。

2016年9月—2017年7月

蒋采蘋主持第十六届重彩画高研班开班，由李可染画院主办。副导师为郭继英，教师为许俊、潘缨、刘山花、赵栗晖、孟繁聪。师生结业作品展在李可染画院举行。

2018—2019年

蒋采蘋与许俊、郭继英、刘恬等策划举办"筑梦重彩——中国重彩画第三届大展"，参展画家200位。此次展览由中国美术家协会重彩画研究会、中央美术学院、李可染画院主办。2019年11月此画展在李可染画院美术馆举行，同时召开研讨会。

2019年7月1日—8月19日

清华大学美术学院与中国美协重彩画研究会合作举办"中国重彩画创作人才培养"高研班（国家艺术基金2019年度艺术人才培养资助项目），蒋采蘋为主讲之一。

蒋采蘋整理